메가스터디 수학 연산 프로그램

메가 계산력

응용편

응용 **5** 권

초등 3학년

자연수의 곱셈과 나눗셈 기본

이렇게 **구성**되고 **특징**은 이렇습니다!

확실한 목표 설정

학습 목표,
학습 계획 세워요!

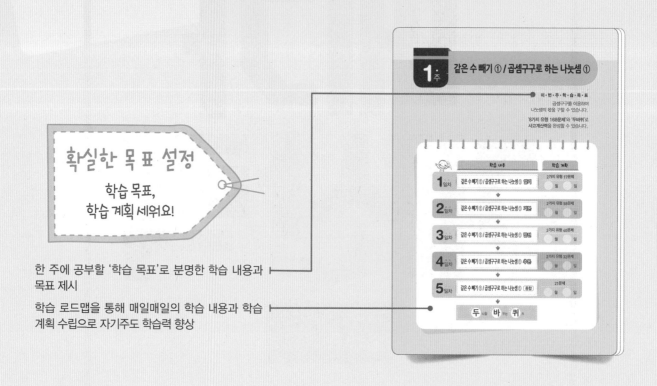

한 주에 공부할 '학습 목표'로 분명한 학습 내용과
목표 제시

학습 로드맵을 통해 매일매일의 학습 내용과 학습
계획 수립으로 자기주도 학습력 향상

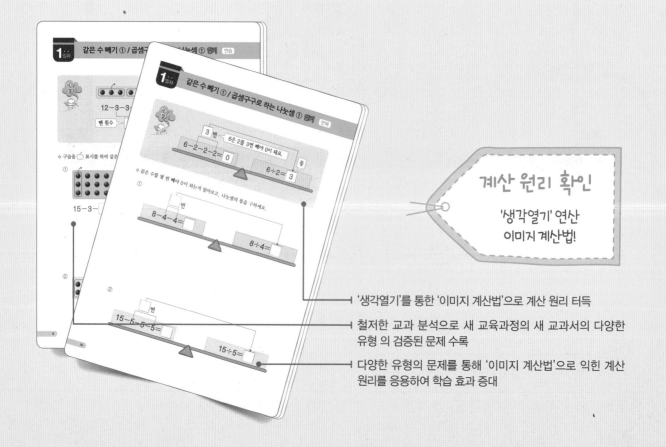

계산 원리 확인

'생각열기' 연산
이미지 계산법!

'생각열기'를 통한 '이미지 계산법'으로 계산 원리 터득

철저한 교과 분석으로 새 교육과정의 새 교과서의 다양한
유형 의 검증된 문제 수록

다양한 유형의 문제를 통해 '이미지 계산법'으로 익힌 계산
원리를 응용하여 학습 효과 증대

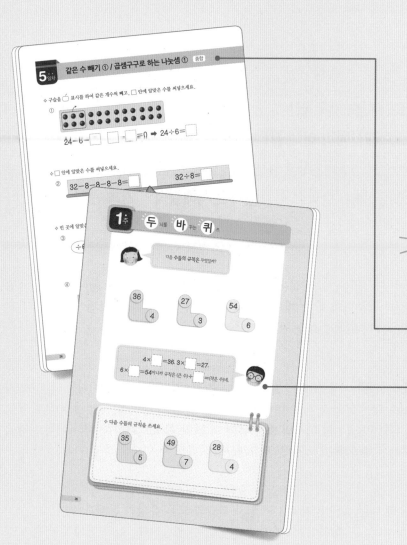

일차별 흐름 학습

기본 유형과 확장 유형으로
수리 계산력을 다져요!

⊢ 일차별 학습 '알기(1일), 기본(2일), 발전(3일),
추론(4일)'에 따른 '연습 → 반복 → 종합'의
3단계 흐름 학습으로 사고계산력 다지기

⊢ '종합문제와 두바퀴(5일차)'를 통해 한 주
학습을 진단하고 마무리하여 사고계산력의
완성도 높이기

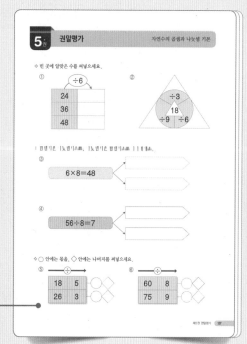

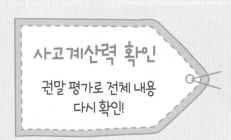

사고계산력 확인

권말 평가로 전체 내용
다시 확인!

⊢ 6주 과정 대표 문제로 실력 확인 학습

꼭 학습해야 하는 이유 4 끝!

1. **'학습로드맵'**을 통해 **학습 목표와 학습 계획** 끝!
2. 생각열기의 **'이미지 계산법'**으로 **계산원리 이해** 끝!
3. **교과서 계산 유형**뿐만 아니라 새로운 **모든 계산 유형**으로 **학교 시험 한 방**에 끝!
4. **추론 계산 유형**과 **두**뇌를**바**꾸는**퀴**즈를 통해 **수학적 사고력과 문제해결력의 기초 완성** 끝!

매일매일 꾸준히 하는 공부 습관도 중요하지만 일주일의 계획을 세워 실행하는 실행력이 더 중요합니다. 매일 학습하기 전에 학습 목표를 살피고 그날의 학습과 일주일의 학습 계획을 세워나가는 전략적인 학습 방법이 필요합니다. **학습로드맵은 학습 목표와 학습 계획을 세워 자기주도 학습력을 키우는데** 알맞습니다.

학습로드맵에 따라 일차별 흐름 학습 **'알기(1일), 기본(2일), 발전(3일), 추론(4일)'으로 학습**합니다. 1일~3일차에서는 새 교육과정의 새 교과서에 따른 **필수 계산 유형**을 엄선하여 언습형(기본 유형)과 반복형(복합 유형)으로 구성하였고, 4일차에서는 **1일~3일차의 필수 유형 학습[기본]에서의 발전 유형 학습[확장]**으로 다양한 계산 유형 문제를 자연스럽고 빠르게 적용하여 **논리적사고력과 문제해결력의 바탕인 사고계산력을 다질 수 있도록** 하였습니다.

마지막 5일차의 '종합 학습'은 **한 주 학습에 대한 확인 평가**로 1~4일차 학습의 모든 유형의 문제가 섞여있는 종합 문제입니다. 각 주의 내용을 스스로 평가할 수 있는 자학자습의 효과까지 얻을 수 있습니다. 이와 함께 '두뇌를 바꾸는 퀴즈'를 통해 **1주 전체 학습을 마무리하여 사고계산력의 완성도를 높일 수 있습니다.**

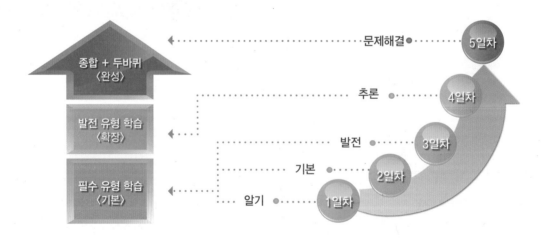

❖ **6주 학습[1권 과정] 완료 후 권말평가로 성취감과 자신감을 확인합니다.**

책의 마지막에 권말평가는 학습 부담을 주기 위함이 아니라 간단하게 확인하여 성취감과 자신감을 가질 수 있도록 하는 것입니다.

권별 학습내용

❖ 메가북스 홈페이지 www.megabooks.co.kr의 '메가 계산력 응용편'
자료실에서 각 권의 진단평가를 다운 받아 보실 수 있습니다.

메가 계산력 응용편

5권 학습내용

같은 수 빼기 ① / 곱셈구구로 하는 나눗셈 ①

이·번·주·학·습·목·표

곱셈구구를 이용하여
나눗셈의 몫을 구할 수 있습니다.

'8가지 유형 168문제'와 '두바퀴'로
사고계산력을 완성할 수 있습니다.

	학습 내용	학습 계획
1일차	같은 수 빼기 ① / 곱셈구구로 하는 나눗셈 ① **알기**	2가지 유형 17문제 월 일
2일차	같은 수 빼기 ① / 곱셈구구로 하는 나눗셈 ① **기본**	2가지 유형 58문제 월 일
3일차	같은 수 빼기 ① / 곱셈구구로 하는 나눗셈 ① **발전**	2가지 유형 40문제 월 일
4일차	같은 수 빼기 ① / 곱셈구구로 하는 나눗셈 ① **추론**	2가지 유형 32문제 월 일
5일차	같은 수 빼기 ① / 곱셈구구로 하는 나눗셈 ① **종합**	21문제 월 일

두뇌를 **바**꾸는 **퀴**즈

같은 수 빼기 ① / 곱셈구구로 하는 나눗셈 ① 알기 연습

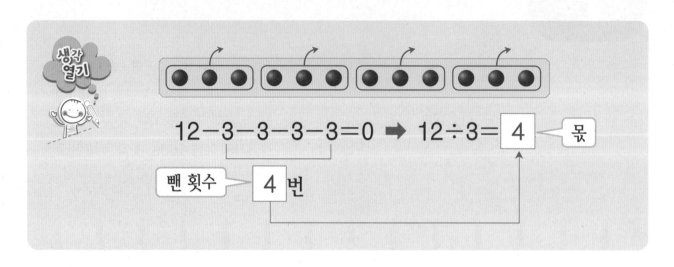

$$12-3-3-3-3=0 \Rightarrow 12 \div 3 = \boxed{4}$$ 몫

뺀 횟수 → $\boxed{4}$ 번

❖ 구슬을 ⌒ 표시를 하여 같은 개수씩 빼고, □ 안에 알맞은 수를 써넣으세요.

①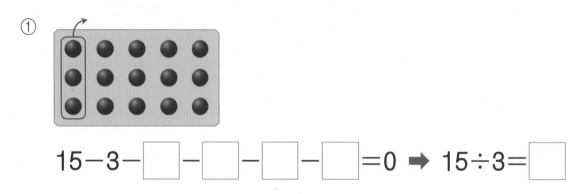

$$15-3-\boxed{}-\boxed{}-\boxed{}-\boxed{}=0 \Rightarrow 15 \div 3 = \boxed{}$$

②

$$18-6-\boxed{}-\boxed{}=0 \Rightarrow 18 \div 6 = \boxed{}$$

③

$20-4-\boxed{}-\boxed{}-\boxed{}-\boxed{}=0$ ➡ $20÷4=\boxed{}$

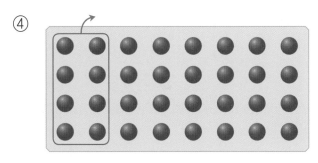

④

$32-8-\boxed{}-\boxed{}-\boxed{}=0$ ➡ $32÷8=\boxed{}$

⑤

$36-9-\boxed{}-\boxed{}-\boxed{}=0$ ➡ $36÷9=\boxed{}$

나눗셈은 똑같이 묶어 덜어 내는 것과 같아요.

1일차 같은 수 빼기 ① / 곱셈구구로 하는 나눗셈 ① 알기 반복

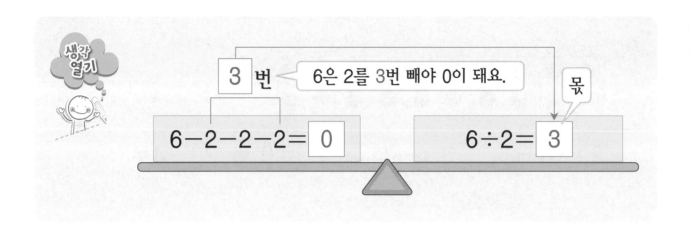

3 번 6은 2를 3번 빼야 0이 돼요. 몫

$6-2-2-2=0$ $6÷2=3$

❖ 같은 수를 몇 번 빼야 0이 되는지 알아보고, 나눗셈의 몫을 구하세요.

①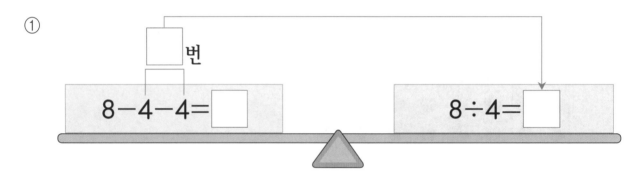

☐ 번

$8-4-4=$ ☐ $8÷4=$ ☐

②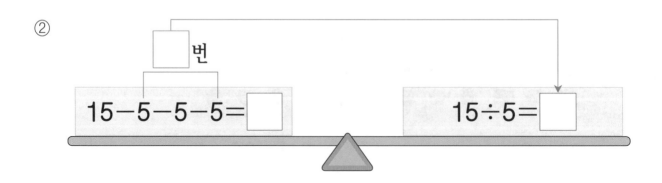

☐ 번

$15-5-5-5=$ ☐ $15÷5=$ ☐

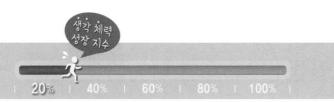

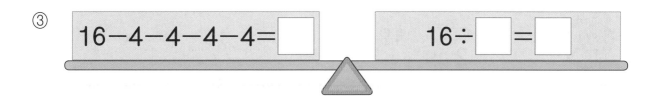

③ 16−4−4−4−4=☐   16÷☐=☐

④ 24−8−8−8=☐   ☐÷☐=☐

⑤ 21−7−7−7=☐   ☐

⑥ 28−7−7−7−7=☐   ☐÷☐=☐

전체 ─┘   └─ 뺀 수   ■÷▲=● ─ 뺀 횟수

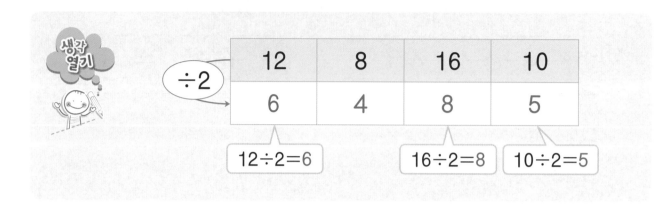

생각
열기

÷2	12	8	16	10
	6	4	8	5

12÷2=6　　16÷2=8　　10÷2=5

❖ 빈 곳에 알맞은 수를 써넣으세요.

①

÷3	15	18	9	21

②

÷5	40	15	25	35

③

÷7	14	35	42	28

④

$\div 8$

16	24	72	64

⑤

$\div 4$

20	8	16	36

⑥

$\div 9$

27	45	18	54

⑦

$\div 6$

42	30	18	48

나누는 수가 ■일 때에는 ■의 단 곱셈구구를 이용하면 몫을 쉽게 구할 수 있어요.

$\div 2$

8	4
14	7
18	9

8÷2=4

14÷2=7

18÷2=9

❖ 빈 곳에 알맞은 수를 써넣으세요.

① $\div 4$

12	
24	
28	

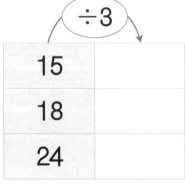

③ $\div 7$

21	
28	
56	

② $\div 3$

15	
18	
24	

④ $\div 9$

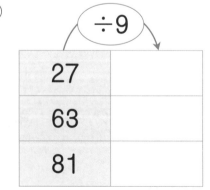

27	
63	
81	

⑤

$÷5$

20	
30	
45	

⑧

$÷8$

8	
32	
64	

⑥

$÷7$

35	
49	
63	

⑨

$÷6$

12	
36	
48	

⑦

$÷9$

18	
36	
54	

⑩

$÷2$

8	
12	
16	

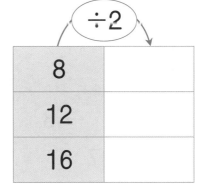 나누는 수의 단 곱셈구구를 외워 나눠지는 수와 같은 수가 나오면 나머지가 0인 나눗셈이예요.

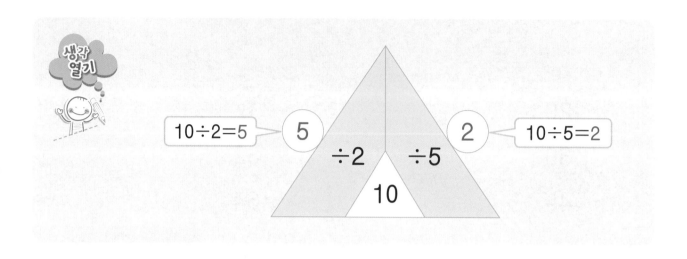

❖ 빈 곳에 나눗셈의 몫을 써넣으세요.

①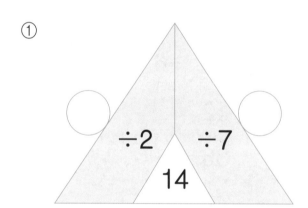

③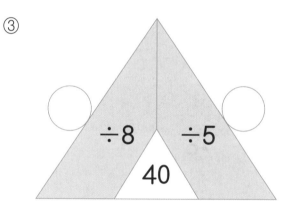

②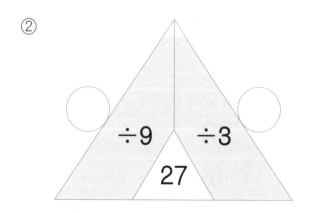

④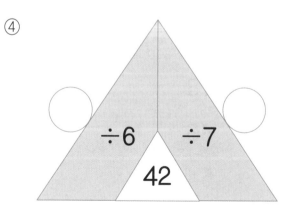

⑤

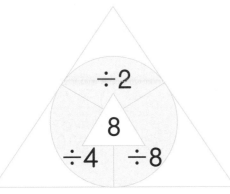

⑧

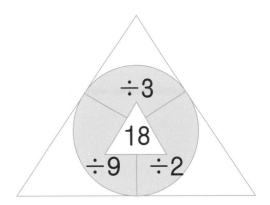

⑥

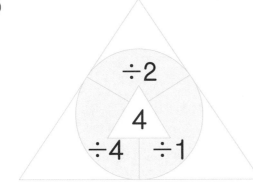

⑨

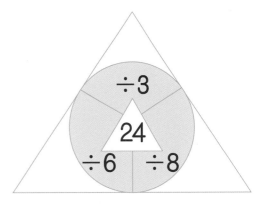

⑦

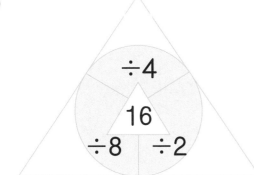

⑩

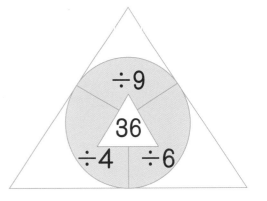

■÷1=■, ●÷●=1

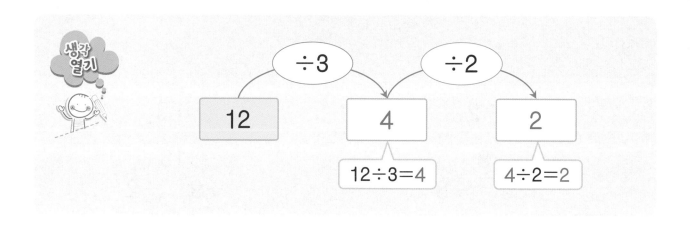

❖ 빈 곳에 알맞은 수를 써넣으세요.

①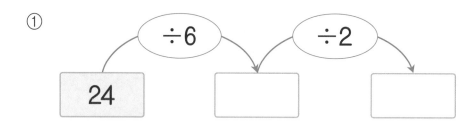

②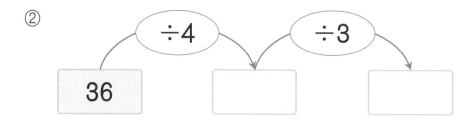

③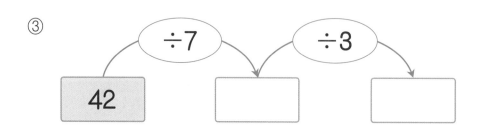

④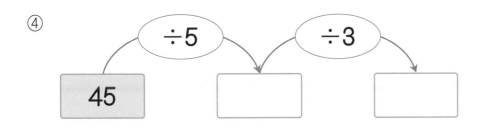

⑤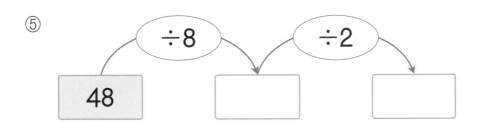

⑥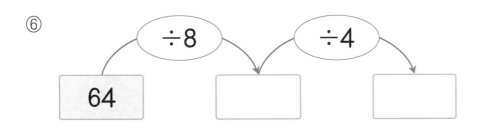

⑦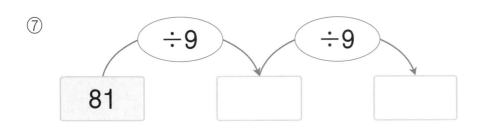

앞에서부터 차례로 계산해요.

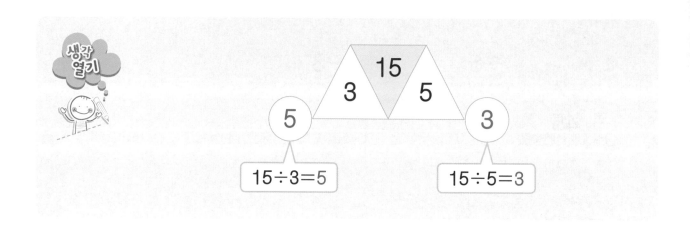

❖ ▽ 안의 수를 △ 안의 수로 나눈 몫을 빈 곳에 써넣으세요.

①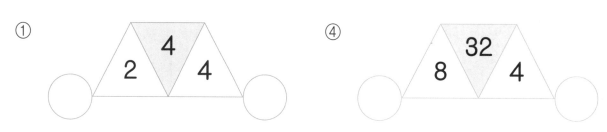

④

②

⑤

③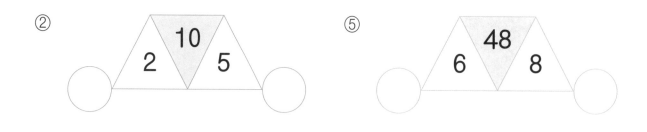

⑥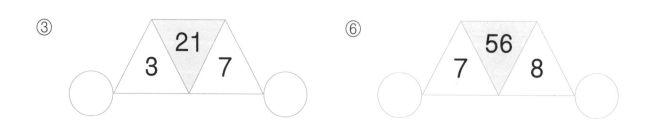

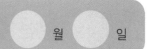
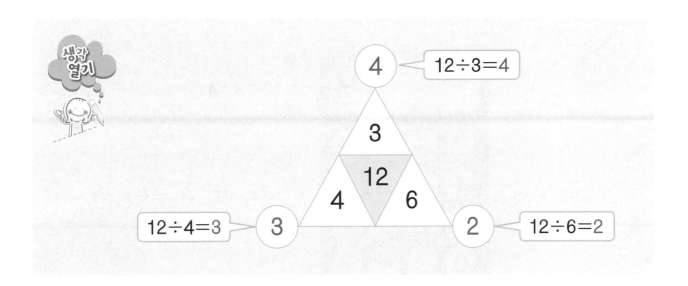

❖ ▽ 안의 수를 △ 안의 수로 나눈 몫을 빈 곳에 써넣으세요.

①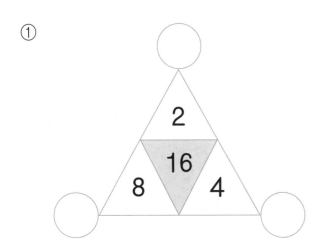

③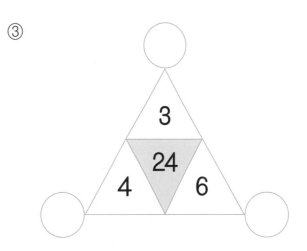

②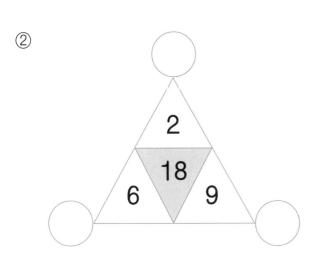

④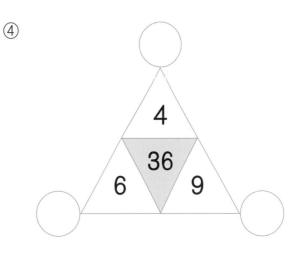

▲의 단 곱셈구구를 이용하여 곱이 ▼인 수를 찾아요.

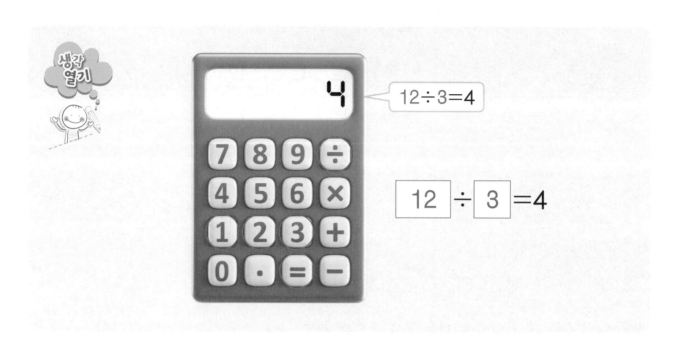

12÷3=4

$$12 \div 3 = 4$$

❖ ○표 한 것을 한 번씩만 눌러 계산기의 결과가 나오도록 □ 안에 알맞은 수를 써넣으세요.

①

$$\boxed{} \div \boxed{} = 9$$

②

$$\boxed{} \div \boxed{} = 5$$

③

☐ ÷ ☐ =4

⑤

☐ ÷ ☐ =7

④

☐ ÷ ☐ =8

⑥

☐ ÷ ☐ =9

계산기 결과는 나눗셈의 몫이예요.

같은 수 빼기 ① / 곱셈구구로 하는 나눗셈 ① 종합

❖ 구슬을 ◯ 표시를 하여 같은 개수씩 빼고, □ 안에 알맞은 수를 써넣으세요.

①

$$24-6-\boxed{}-\boxed{}-\boxed{}=0 \Rightarrow 24\div6=\boxed{}$$

❖ □ 안에 알맞은 수를 써넣으세요.

②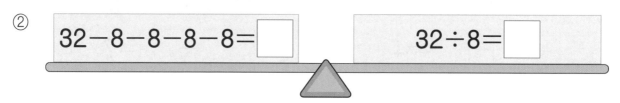

$$32-8-8-8-8=\boxed{}$$

$$32\div8=\boxed{}$$

❖ 빈 곳에 알맞은 수를 써넣으세요.

③

÷6	18	36	42	54

④

÷8

16	
48	
72	

⑤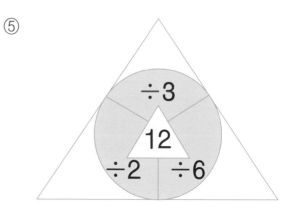

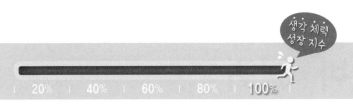
⑥

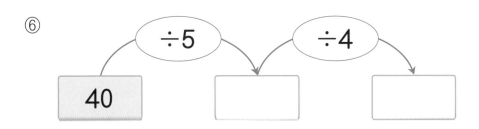

❖ ▽ 안의 수를 △ 안의 수로 나눈 몫을 빈 곳에 써넣으세요.

❖ ○표 한 것을 한 번씩만 눌러 계산기의 결과가 나오도록 □ 안에 알맞은 수를 써넣으세요.

⑨

$\boxed{} \div \boxed{} = 8$

⑩

$\boxed{} \div \boxed{} = 7$

수고하셨어요.

여기까지 '8가지 유형 168문제'로 사고계산력을 완성했어요.
이제 '두바퀴'를 통해 한 주 동안 자란 나의 문제해결력을 확인해 보세요.

다음 수들의 규칙은 무엇일까?

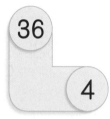

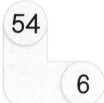

$4 \times \boxed{} = 36,\ 3 \times \boxed{} = 27,$

$6 \times \boxed{} = 54$이니까 규칙은 (큰 수)$\div \boxed{} =$(작은 수)네.

❖ 다음 수들의 규칙을 쓰세요.

_____

2주 곱셈과 나눗셈의 관계

이·번·주·학·습·목·표

곱셈과 나눗셈의 관계를
알아 문제를 해결할 수 있습니다.

'8가지 유형 164문제'와 '두바퀴'로
사고계산력을 완성할 수 있습니다.

	학습 내용	학습 계획
1일차	곱셈과 나눗셈의 관계 알기	2가지 유형 27문제 · 월 · 일
2일차	곱셈과 나눗셈의 관계 기본	2가지 유형 28문제 · 월 · 일
3일차	곱셈과 나눗셈의 관계 발전	2가지 유형 48문제 · 월 · 일
4일차	곱셈과 나눗셈의 관계 추론	2가지 유형 38문제 · 월 · 일
5일차	곱셈과 나눗셈의 관계 종합	23문제 · 월 · 일

두 뇌를 **바** 꾸는 **퀴** 즈

곱셈과 나눗셈의 관계 알기 연습

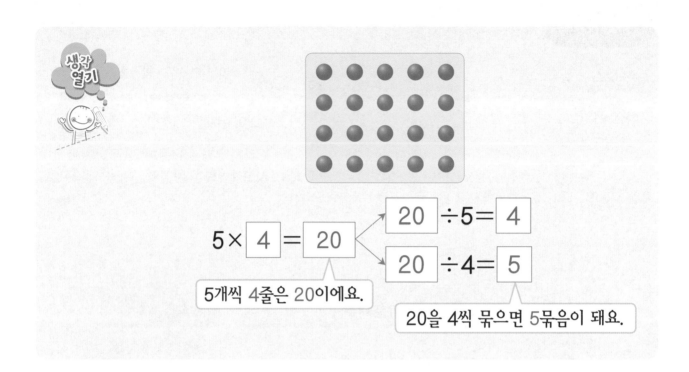

생각 열기

$5 \times \boxed{4} = \boxed{20}$

$\boxed{20} \div 5 = \boxed{4}$

$\boxed{20} \div 4 = \boxed{5}$

5개씩 4줄은 20이에요.

20을 4씩 묶으면 5묶음이 돼요.

❖ 그림을 곱셈식으로 나타내고, 곱셈식을 나눗셈식 2개로 나타내세요.

①

$4 \times \boxed{} = \boxed{}$

$\boxed{} \div 4 = \boxed{}$

$\boxed{} \div 3 = \boxed{}$

②

$\boxed{} \times 5 = \boxed{}$

$\boxed{} \div 6 = \boxed{}$

$\boxed{} \div 5 = \boxed{}$

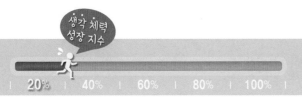

③

$$\boxed{} \times 3 = \boxed{}$$

$$\boxed{} \div 9 = \boxed{}$$

$$\boxed{} \div \boxed{} = \boxed{}$$

④

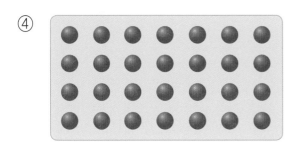

$$\boxed{} \times 4 = \boxed{}$$

$$\boxed{} \div \boxed{} = \boxed{}$$

$$\boxed{} \div 4 = \boxed{}$$

⑤

곱셈식 _____

나눗셈식 _____

_____

■×▲=●<$\begin{array}{l}●÷■=▲\\●÷▲=■\end{array}$

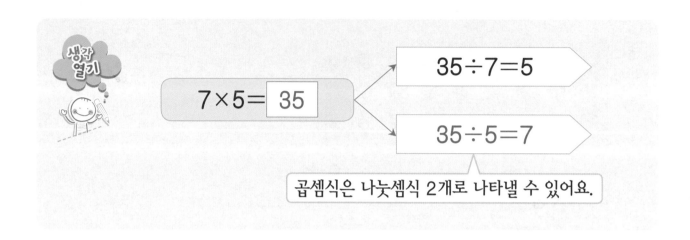

❖ 곱셈식을 나눗셈식 2개로 나타내세요.

①

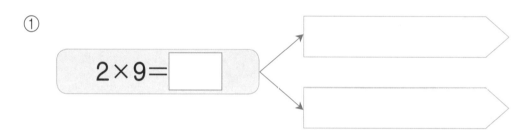

②

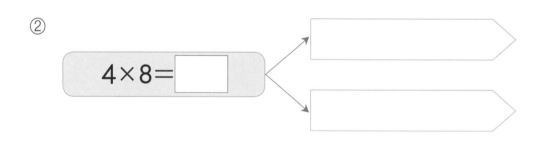

③

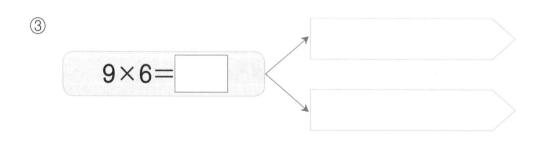

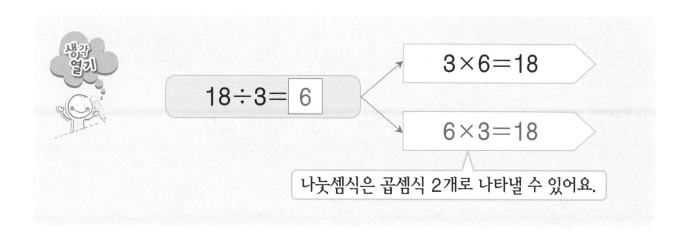

생각
열기

$18 \div 3 = 6$

$3 \times 6 = 18$

$6 \times 3 = 18$

나눗셈식은 곱셈식 2개로 나타낼 수 있어요.

❖ 곱셈식을 나눗셈식 2개로 나타내세요.

①
$24 \div 6 = \square$

②
$40 \div 5 = \square$

③
$56 \div 8 = \square$

$\blacksquare \div \blacktriangle = \bullet \langle \begin{matrix} \blacktriangle \times \bullet = \blacksquare \\ \bullet \times \blacktriangle = \blacksquare \end{matrix}$

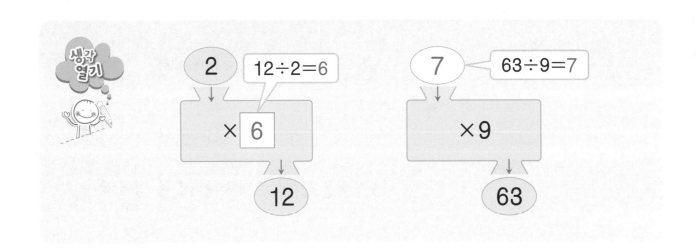

❖ 빈 곳에 알맞은 수를 써넣으세요.

①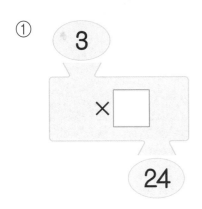

③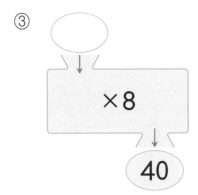

②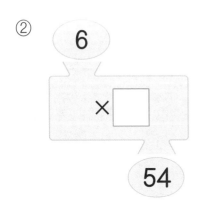

④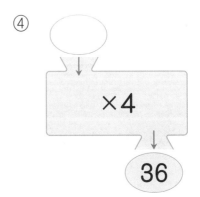

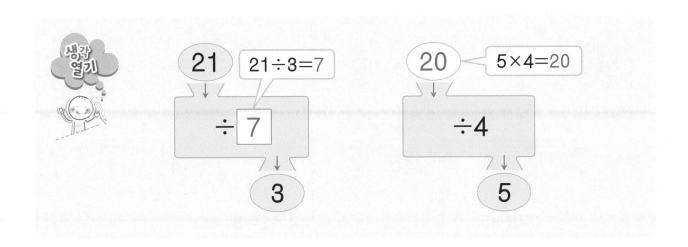

❖ 빈 곳에 알맞은 수를 써넣으세요.

①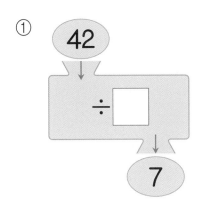

③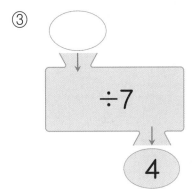

②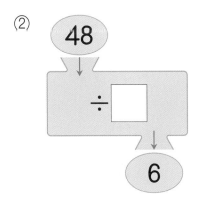

④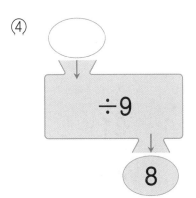

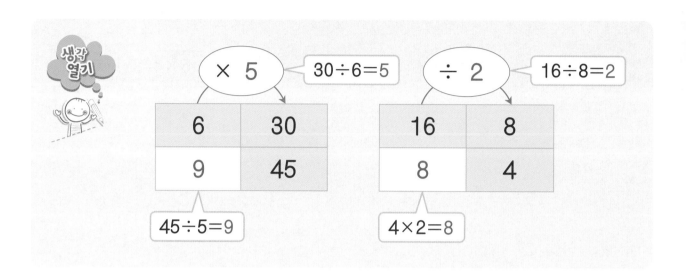

❖ 빈 곳에 알맞은 수를 써넣으세요.

①

×	
7	14
	6

③

×	
6	18
	27

②

×	
3	21
	28

④

×	
5	40
	56

⑤
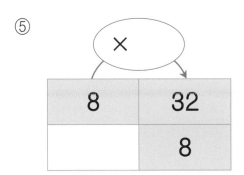

×	
8	32
	8

⑧
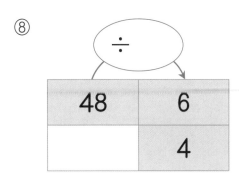

÷	
48	6
	4

⑥

×	
8	40
	10

⑨
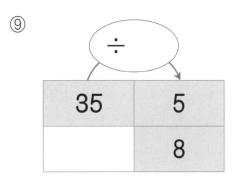

÷	
35	5
	8

⑦

÷	
24	4
	7

⑩
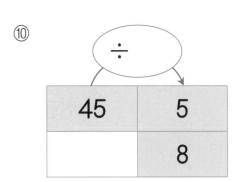

÷	
45	5
	8

먼저 곱셈과 나눗셈의 관계를 이용하여 곱하는 수나 나누는 수를 구해요.

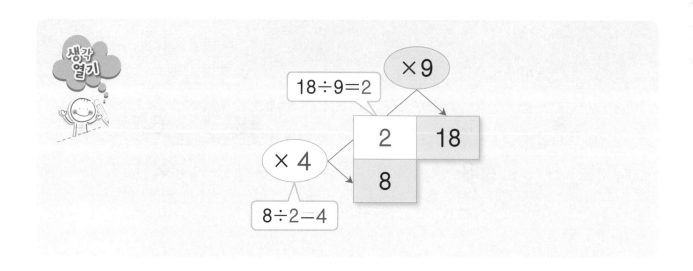

❖ 빈 곳에 알맞은 수를 써넣으세요.

①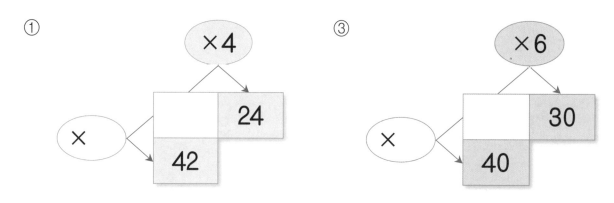

③

②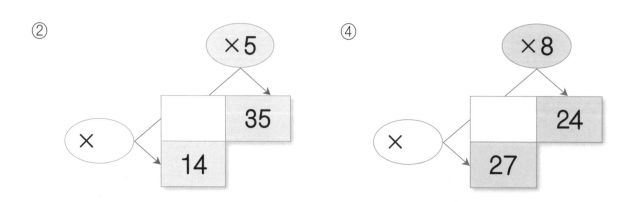

④

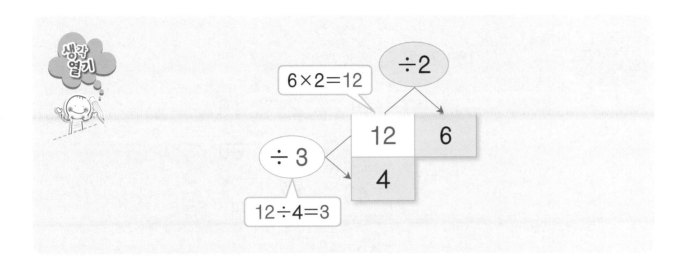

❖ 빈 곳에 알맞은 수를 써넣으세요.

①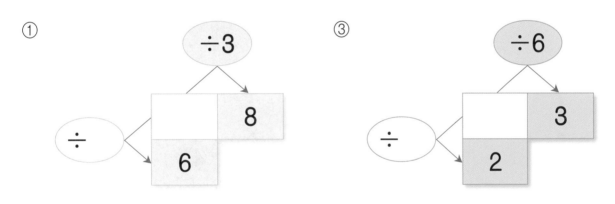

③

②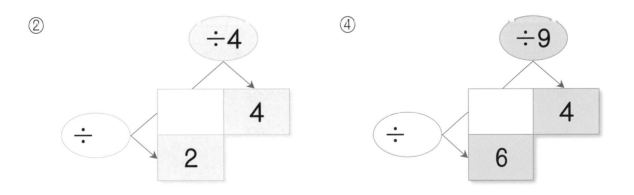

④

어느 단 곱셈구구를 이용해야 할지 먼저 생각해요.

곱셈과 나눗셈의 관계 발전 [반복]

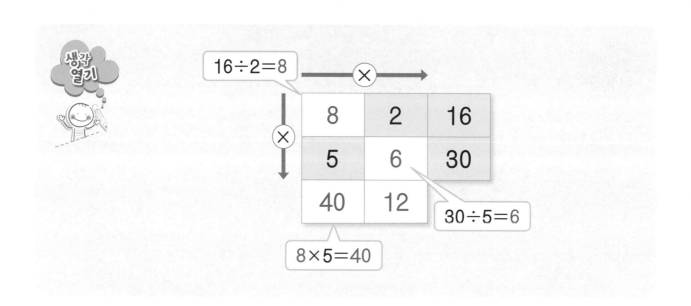

$16 \div 2 = 8$

8	2	16
5	6	30
40	12	

$8 \times 5 = 40$

$30 \div 5 = 6$

❖ 빈 곳에 알맞은 수를 써넣으세요.

①

	4	12
6		30

③

	7	35
4		12

②

	2	8
8		72

④

	6	54
2		14

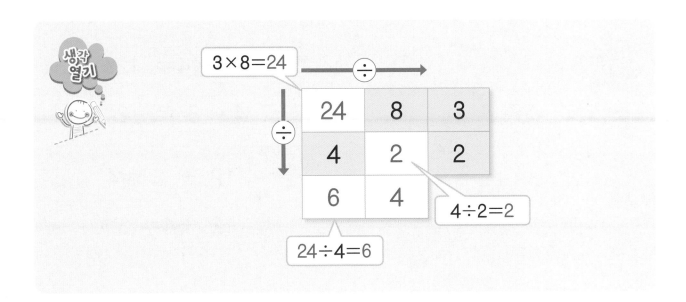

❖ 빈 곳에 알맞은 수를 써넣으세요.

①

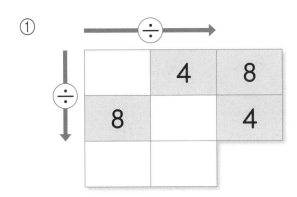

③

②

④

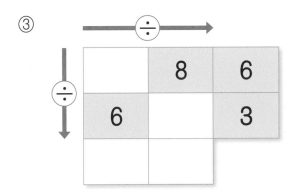

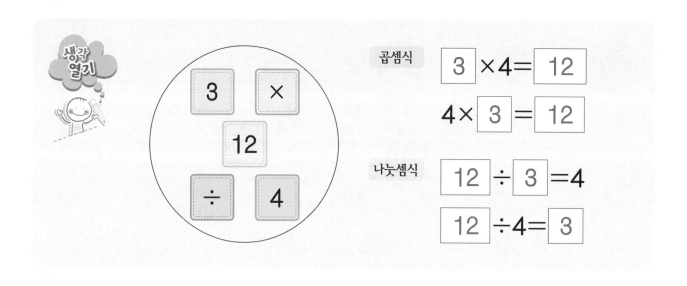

곱셈식 $3 \times 4 = 12$

$4 \times 3 = 12$

나눗셈식 $12 \div 3 = 4$

$12 \div 4 = 3$

❖ 주어진 카드를 이용하여 곱셈식과 나눗셈식을 2개씩 만드세요.

①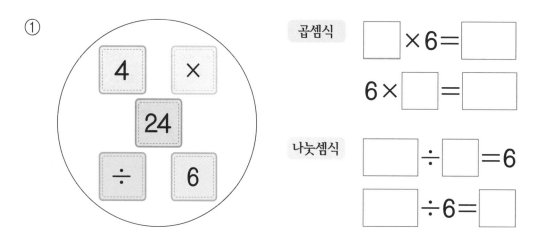

곱셈식 $\boxed{} \times 6 = \boxed{}$

$6 \times \boxed{} = \boxed{}$

나눗셈식 $\boxed{} \div \boxed{} = 6$

$\boxed{} \div 6 = \boxed{}$

②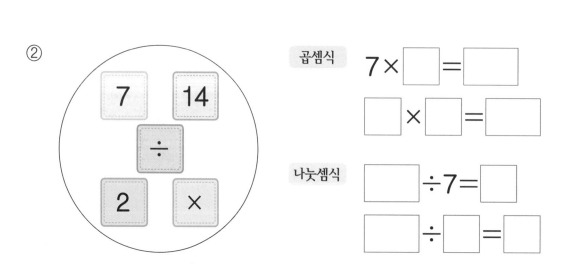

곱셈식 $7 \times \boxed{} = \boxed{}$

$\boxed{} \times \boxed{} = \boxed{}$

나눗셈식 $\boxed{} \div 7 = \boxed{}$

$\boxed{} \div \boxed{} = \boxed{}$

③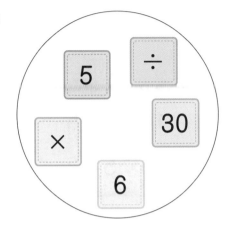

곱셈식

_____

_____

나눗셈식

_____

_____

④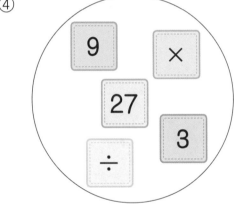

곱셈식

_____

_____

나눗셈식

_____

_____

⑤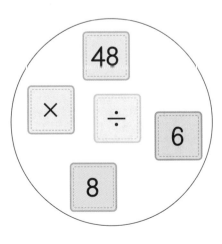

곱셈식

_____

_____

나눗셈식

_____

_____

먼저 곱셈식을 만들어 보세요.

곱셈과 나눗셈의 관계 추론 반복

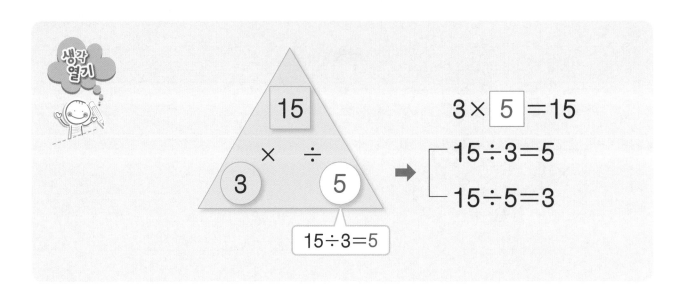

$3 \times \boxed{5} = 15$

$15 \div 3 = 5$

$15 \div 5 = 3$

$15 \div 3 = 5$

❖ ☐ 안의 수가 가장 큰 수가 되도록 빈 곳에 알맞은 수를 써넣으세요.

①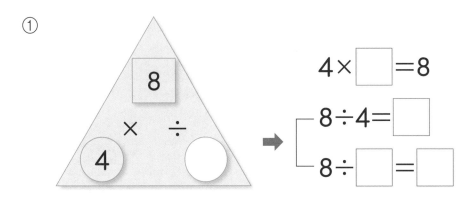

$4 \times \boxed{} = 8$

$8 \div 4 = \boxed{}$

$8 \div \boxed{} = \boxed{}$

②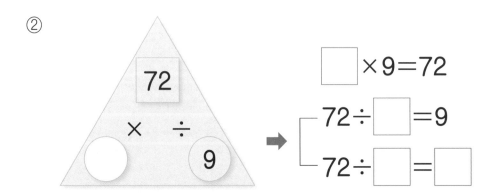

$\boxed{} \times 9 = 72$

$72 \div \boxed{} = 9$

$72 \div \boxed{} = \boxed{}$

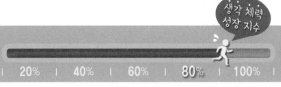
③

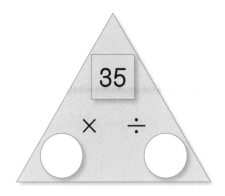

곱셈식

_____

_____

나눗셈식

_____

_____

④

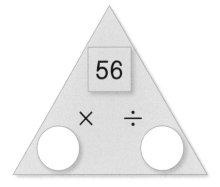

곱셈식

_____

_____

나눗셈식

_____

_____

⑤

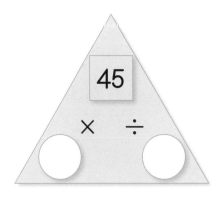

곱셈식

_____

_____

나눗셈식

_____

_____

○ 안에 들어갈 수 있는 수를 먼저 알아보세요.

❖ ☐ 안에 알맞은 수를 써넣으세요.

①

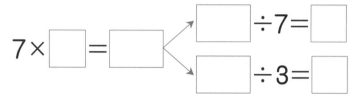

$7 \times \boxed{} = \boxed{}$

$\boxed{} \div 7 = \boxed{}$

$\boxed{} \div 3 = \boxed{}$

❖ 곱셈식은 나눗셈식으로, 나눗셈식은 곱셈식으로 나타내세요.

②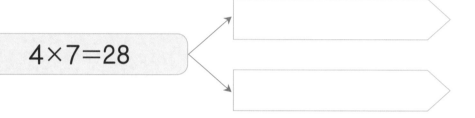

$4 \times 7 = 28$

③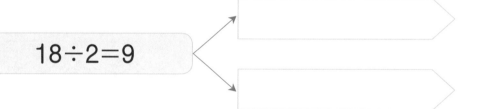

$18 \div 2 = 9$

❖ 빈 곳에 알맞은 수를 써넣으세요.

④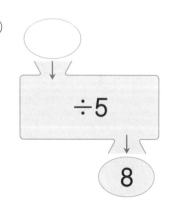

$\div 5$

8

⑤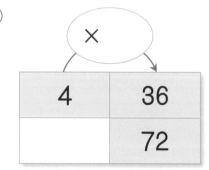

×	
4	36
	72

⑥

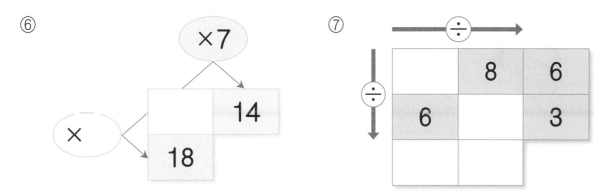

⑦

❖ 주어진 카드를 이용하여 곱셈식과 나눗셈식을 2개씩 만드세요.

⑧

곱셈식

$6 \times \boxed{} = \boxed{}$

$\boxed{} \times \boxed{} = \boxed{}$

나눗셈식

$\boxed{} \div 6 = \boxed{}$

$\boxed{} \div \boxed{} = \boxed{}$

❖ ☐ 안의 수가 가장 큰 수가 되도록 빈 곳에 알맞은 수를 써넣으세요.

⑨

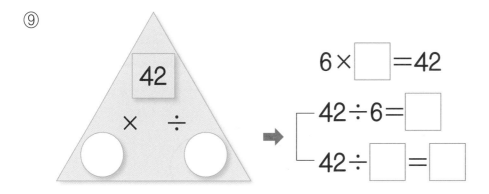

$6 \times \boxed{} = 42$

$42 \div 6 = \boxed{}$

$42 \div \boxed{} = \boxed{}$

수고하셨어요.

여기까지 '16가지 유형 332문제'로 사고계산력을 완성했어요.
이제 '두바퀴'를 통해 한 주 동안 자란 나의 문제해결력을 확인해 보세요.

6명에게 6개씩 나누어준 사탕을
9명에게 몇 개씩 나누어줄 수 있을까?

6명에게 6개씩! → 9명에게 ?개씩!

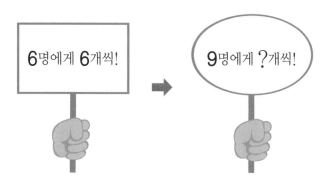

사탕 수가 6×6＝36(개)이니
9명에게 36÷9＝ ☐ (개)씩 나누어줄 수 있네.

❖ 3명에게 8개씩 나누어준 초콜릿을 6명에게 몇 개씩 나누어줄 수 있을까요?

3명에게 8개씩! → 6명에게 ?개씩!

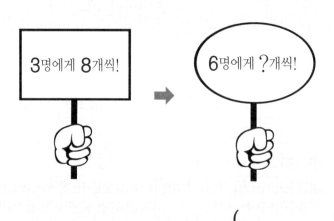

(   )

3주

같은 수 빼기 ② / 곱셈구구로 하는 나눗셈 ②

이·번·주·학·습·목·표

곱셈구구를 이용하여 나눗셈의 몫과
나머지를 구할 수 있습니다.

'8가지 유형 140문제'와 '두바퀴'로
사고계산력을 완성할 수 있습니다.

	학습 내용	학습 계획
1일차	같은 수 빼기 ② / 곱셈구구로 하는 나눗셈 ② **알기**	2가지 유형 17문제 월 일
2일차	같은 수 빼기 ② / 곱셈구구로 하는 나눗셈 ② **기본**	2가지 유형 25문제 월 일
3일차	같은 수 빼기 ② / 곱셈구구로 하는 나눗셈 ② **발전**	2가지 유형 56문제 월 일
4일차	같은 수 빼기 ② / 곱셈구구로 하는 나눗셈 ② **추론**	2가지 유형 25문제 월 일
5일차	같은 수 빼기 ② / 곱셈구구로 하는 나눗셈 ② [종합]	17문제 월 일

두뇌를 **바**꾸는 **퀴**즈

같은 수 빼기 ② / 곱셈구구로 하는 나눗셈 ② 알기 [연습]

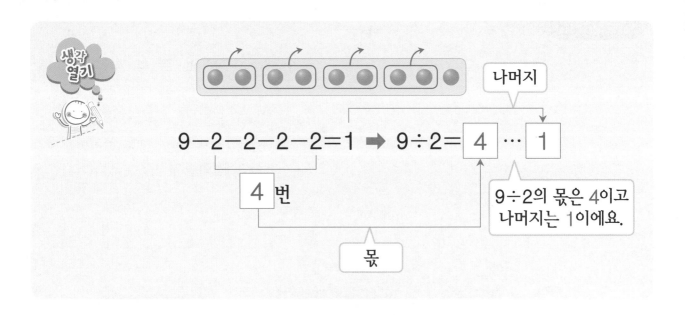

생각 열기

$$9-2-2-2-2=1 \ \Rightarrow \ 9 \div 2 = \boxed{4} \ \cdots \ \boxed{1}$$

나머지

$$\boxed{4}\,번$$

몫

9÷2의 몫은 4이고 나머지는 1이에요.

❖ 구슬을 ⌒ 표시를 하여 같은 개수씩 빼고, □ 안에 알맞은 수를 써넣으세요.

①

$$11 - 3 - \boxed{} - \boxed{} = 2 \ \Rightarrow \ 11 \div 3 = \boxed{} \ \cdots \ \boxed{}$$

②

$$13 - 5 - \boxed{} = 3 \ \Rightarrow \ 13 \div 5 = \boxed{} \ \cdots \ \boxed{}$$

③

$$19 - 4 - \boxed{} - \boxed{} - \boxed{} = 3 \ \Rightarrow \ 19 \div 4 = \boxed{} \ \cdots \ \boxed{}$$

④

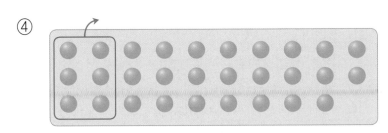

$29 - 6 - \boxed{} - \boxed{} - \boxed{} = 5 \ \Rightarrow \ 29 \div 6 = \boxed{} \cdots \boxed{}$

⑤

$27 - 8 - \boxed{} - \boxed{} = 3 \ \Rightarrow \ 27 \div 8 = \boxed{} \cdots \boxed{}$

⑥

$44 - 6 - \boxed{} - \boxed{} - \boxed{} - \boxed{} - \boxed{} - \boxed{} = 2$

$\Rightarrow \ 44 \div 6 = \boxed{} \cdots \boxed{}$

똑같이 묶어서 덜어낼 때 묶이지 않는 수가 나머지예요.

같은 수 빼기 ② / 곱셈구구로 하는 나눗셈 ② 알기

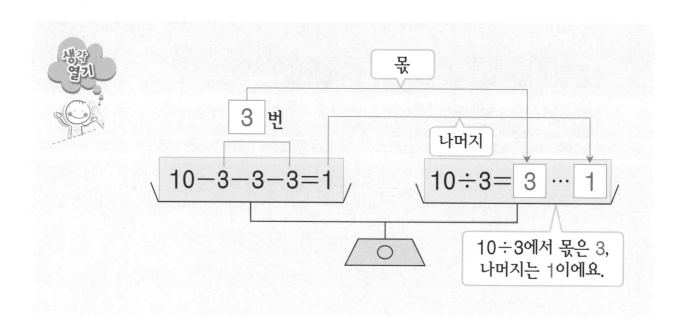

몫

3 번

나머지

$$10-3-3-3=1$$

$$10 \div 3 = 3 \cdots 1$$

10÷3에서 몫은 3,
나머지는 1이에요.

❖ ☐ 안에 알맞은 수를 써넣으세요.

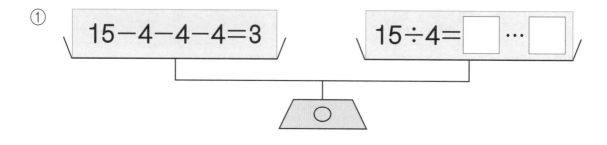

① $15-4-4-4=3$

$$15 \div 4 = \boxed{} \cdots \boxed{}$$

② $17-6-6=5$

$$17 \div \boxed{} = \boxed{} \cdots \boxed{}$$

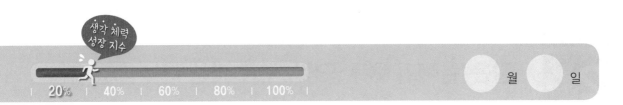
③

$30-7-7-7-7=2$

$30 \div \boxed{} = \boxed{} \cdots \boxed{}$

○

④

$38-8-8-8-8=6$

$38 \div 8 = \boxed{} \cdots \boxed{}$

○

⑤

$52-9-9-9-9-9=7$

$52 \div \boxed{} = \boxed{} \cdots \boxed{}$

○

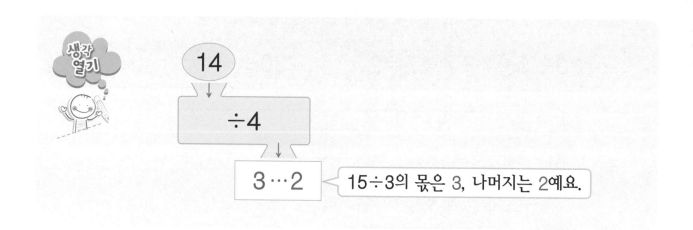

15÷3의 몫은 3, 나머지는 2예요.

❖ 빈 곳에 몫과 나머지를 써넣으세요.

①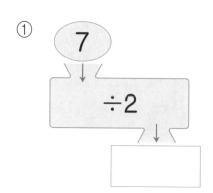

③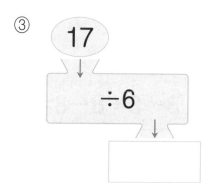

②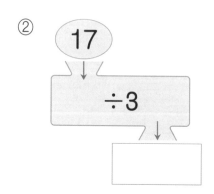

④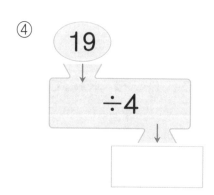

⑤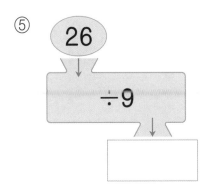

⑧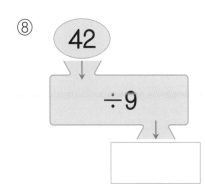

⑥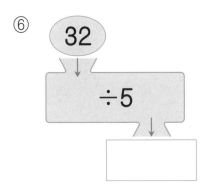

⑨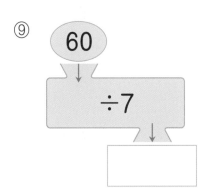

⑦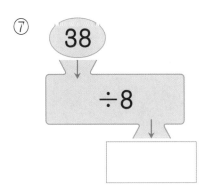

⑩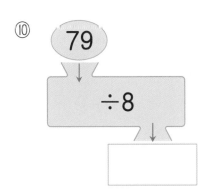

나머지는 나누는 수보다 항상 작아야 해요.

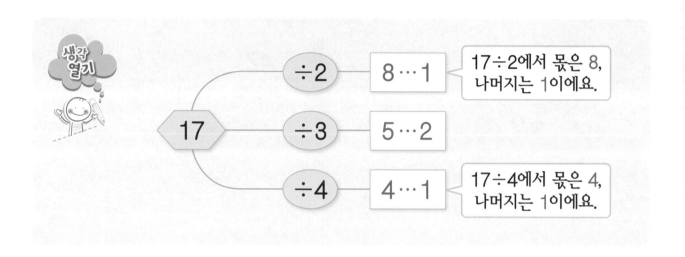

❖ 빈 곳에 몫과 나머지를 써넣으세요.

①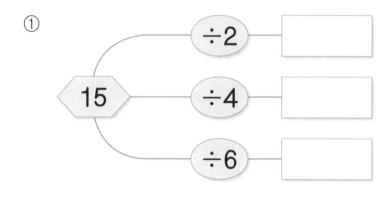

②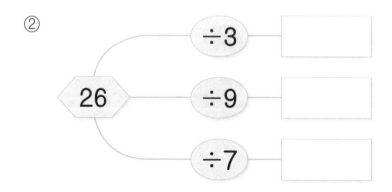

③

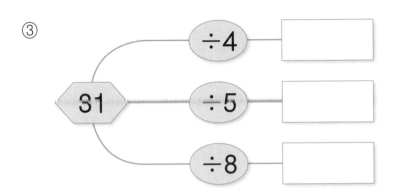

④

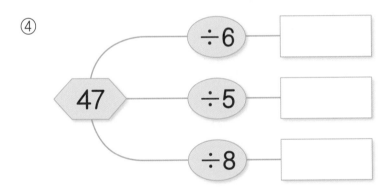

⑤

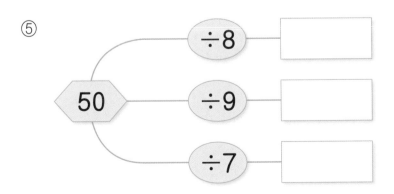

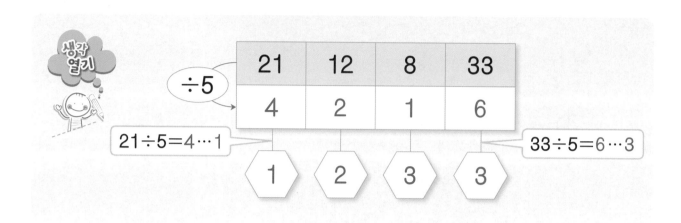

생각
열기

÷5

21	12	8	33
4	2	1	6

21÷5=4⋯1

1 2 3 3

33÷5=6⋯3

❖ 나눗셈을 하여 빈 곳에 몫과 나머지를 차례로 써넣으세요.

①

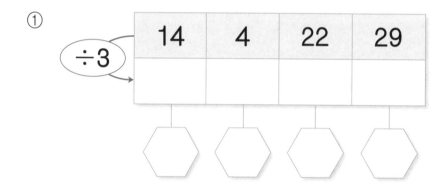

÷3

14	4	22	29

②

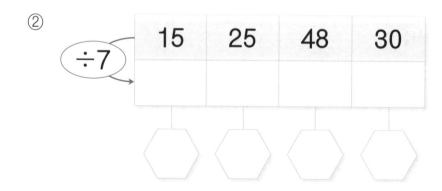

÷7

15	25	48	30

③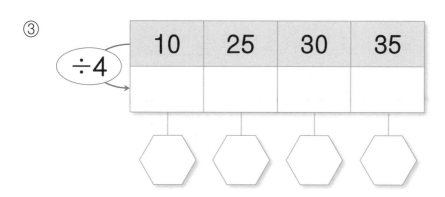

÷4	10	25	30	35

④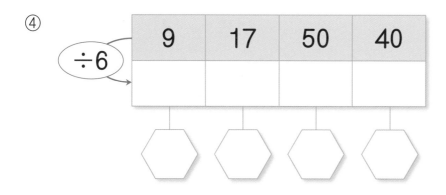

÷6	9	17	50	40

⑤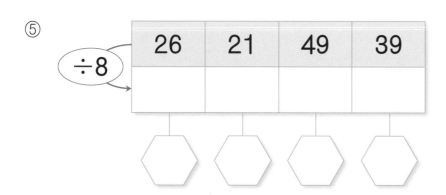

÷8	26	21	49	39

■÷▲=●…★ → ▲×●＋★=■

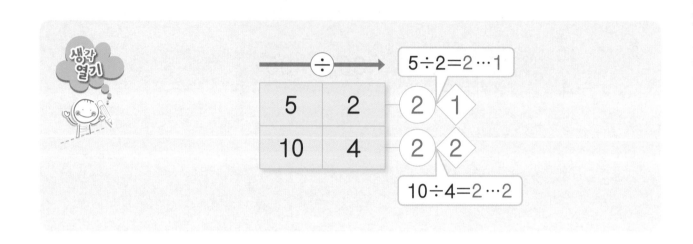

❖ ◯ 안에는 몫을, ◇ 안에는 나머지를 써넣으세요.

①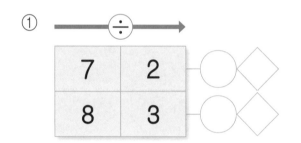

④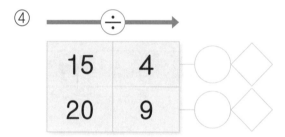

②

⑤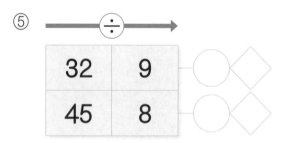

③

⑥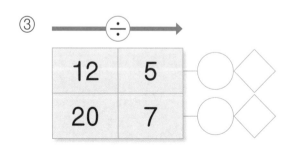

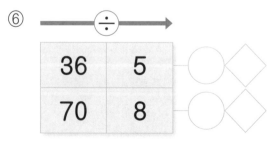

⑦
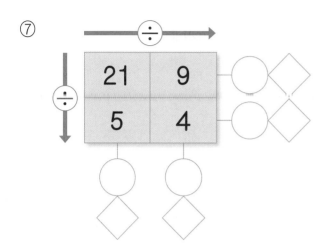

⑩
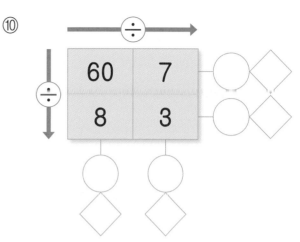

⑧
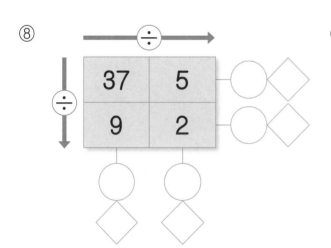

⑪
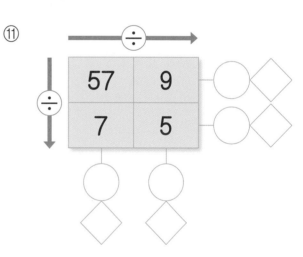

⑨
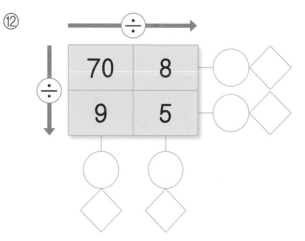

⑫

검산식을 이용하여 답이 맞는지 확인하는 습관을 기르세요.

4 일차   같은 수 빼기 ② / 곱셈구구로 하는 나눗셈 ② 추론   연습

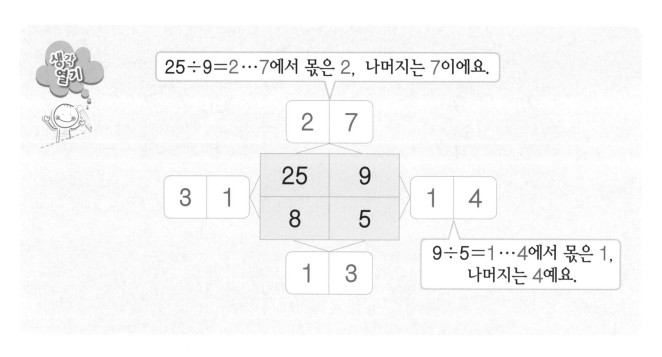

❖ 이웃하는 두 수의 나눗셈을 하여 빈 곳에 몫과 나머지를 차례로 써넣으세요.

①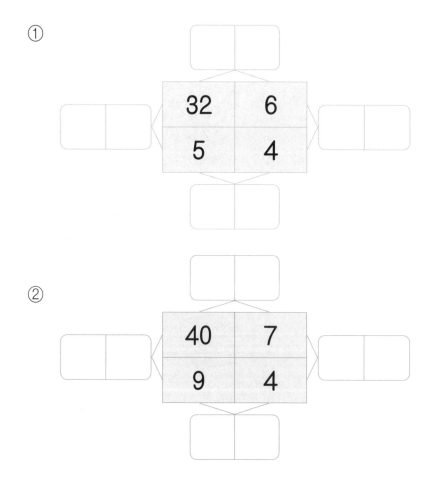

②

③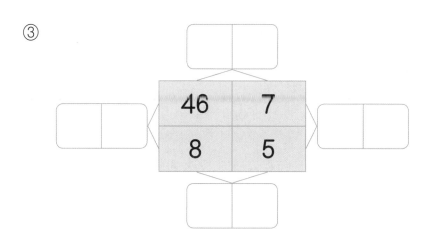

④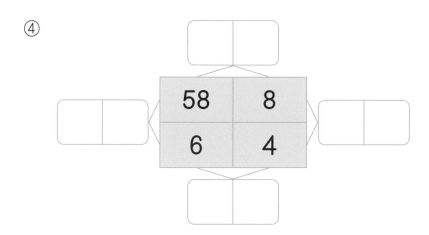

⑤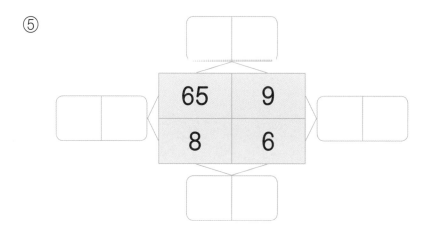

이웃하는 두 수 중 큰 수를 작은 수로 나눠요.

4일차 같은 수 빼기 ② / 곱셈구구로 하는 나눗셈 ② 추론 [반복]

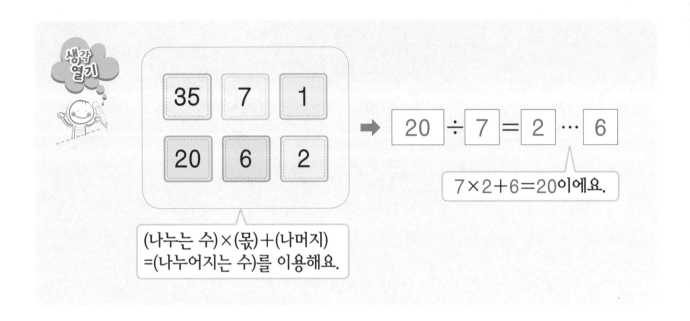

❖ 수카드를 이용하여 나눗셈식을 완성하세요.

①

| 24 | 55 | 2 |
| 6 | 9 | 7 |

➡ ☐ ÷ ☐ = ☐ ⋯ ☐

②

| 42 | 36 | 5 |
| 38 | 1 | 7 |

➡ ☐ ÷ ☐ = ☐ ⋯ ☐

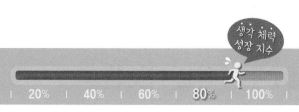
③

| 24 | 6 | 18 |
| 15 | 2 | 3 |

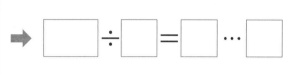

$$\boxed{} \div \boxed{} = \boxed{} \cdots \boxed{}$$

④

| 50 | 42 | 2 |
| 8 | 24 | 5 |

$$\boxed{} \div \boxed{} = \boxed{} \cdots \boxed{}$$

⑤

| 28 | 7 | 4 |
| 2 | 30 | 14 |

$$\boxed{} \div \boxed{} = \boxed{} \cdots \boxed{}$$

검산식을 활용하여 나누어지는 수를 찾아보아요.

같은 수 빼기 ② / 곱셈구구로 하는 나눗셈 ② 종합

❖ 구슬을 ⭕ 표시를 하여 같은 개수씩 빼고, ☐ 안에 알맞은 수를 써넣으세요.

①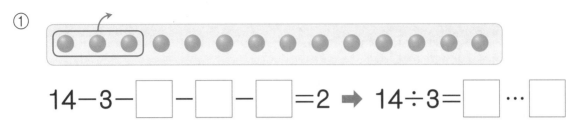

$14-3-\boxed{}-\boxed{}-\boxed{}=2 \Rightarrow 14 \div 3 = \boxed{} \cdots \boxed{}$

❖ ☐ 안에 알맞은 수를 써넣으세요.

②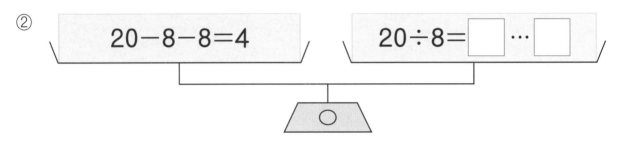

$20-8-8=4$ $20 \div 8 = \boxed{} \cdots \boxed{}$

❖ 빈 곳에 몫과 나머지를 써넣으세요.

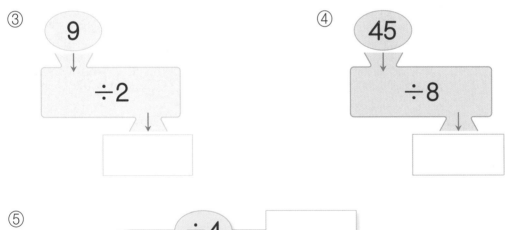

③ 9 ÷2

④ 45 ÷8

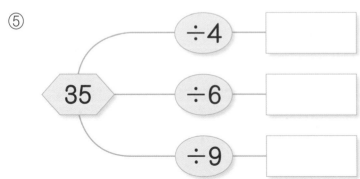

⑤ 35

÷4

÷6

÷9

❖ ○ 안에는 몫을, ◇ 안에는 나머지를 써넣으세요.

⑥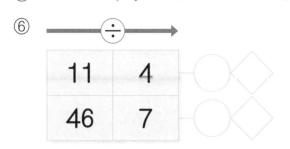

⑦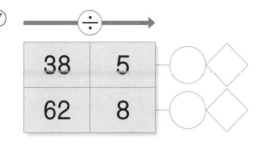

❖ 이웃하는 두 수의 나눗셈을 하여 빈 곳에 몫과 나머지를 차례로 써넣으세요.

⑧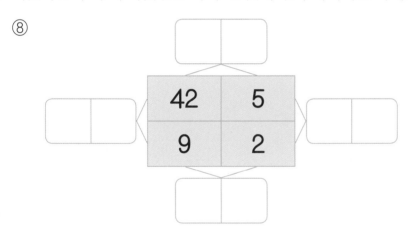

❖ 수카드를 이용하여 나눗셈식을 완성하세요.

⑨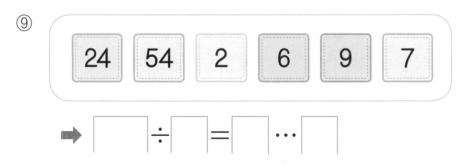

➡ ⬜ ⬜ ÷ ⬜ ⬜ = ⬜ ⬜ ⋯ ⬜

수고하셨어요.

여기까지 '24가지 유형 472문제'로 사고계산력을 완성했어요.
이제 '두바퀴'를 통해 한 주 동안 자란 나의 문제해결력을 확인해 보세요.

다음 수들은 **8**로 나누었을 때 **어떤 규칙**이 있는 수들이야.
규칙을 찾아봐.

| 27 | 35 | 43 | 51 |

$27 \div 8 = \boxed{} \cdots \boxed{}$, $35 \div 8 = \boxed{} \cdots \boxed{}$,

$43 \div 8 = \boxed{} \cdots \boxed{}$, $51 \div 8 = \boxed{} \cdots \boxed{}$ 이니까

몫은 $\boxed{}$ 씩 커지고, **나머지**는 모두 $\boxed{}$ 인 규칙이네.

❖ 다음 수들은 6으로 나누었을 때 어떤 규칙이 있는 수들이에요. 규칙을 찾아보세요.

| 13 | 20 | 27 | 34 |

4주

곱셈구구로 하는 나눗셈 ③

이·번·주·학·습·목·표

곱셈구구로 하는 나눗셈을 활용하여
문제를 해결할 수 있습니다.

'8가지 유형 145문제'와 '두바퀴'로
사고계산력을 완성할 수 있습니다.

학습 내용	학습 계획
1일차 곱셈구구로 하는 나눗셈 ③ 알기	2가지 유형 45문제 월 일
2일차 곱셈구구로 하는 나눗셈 ③ 기본	2가지 유형 14문제 월 일
3일차 곱셈구구로 하는 나눗셈 ③ 발전	2가지 유형 24문제 월 일
4일차 곱셈구구로 하는 나눗셈 ③ 추론	2가지 유형 42문제 월 일
5일차 곱셈구구로 하는 나눗셈 ③ 종합	20문제 월 일

두 뇌를 **바** 꾸는 **퀴** 즈

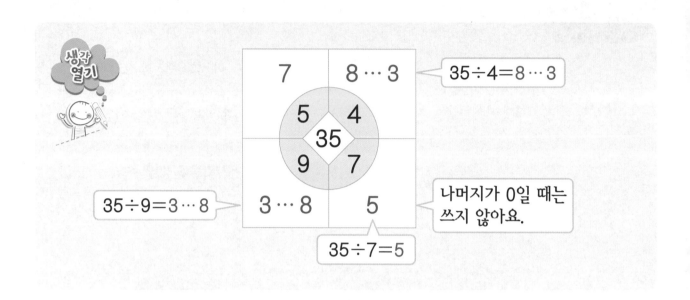

❖ ◇ 안의 수를 바깥 수로 나누어 빈 곳에 몫과 나머지를 써넣으세요.

①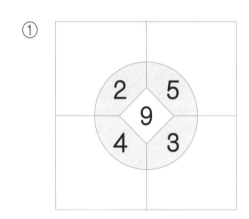

②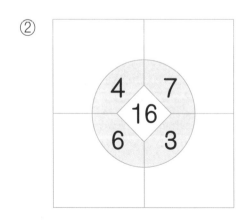

③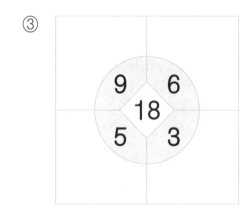

④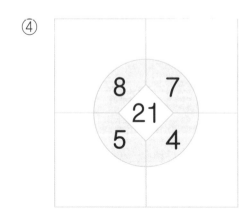

⑤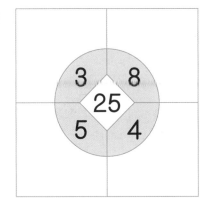

⑧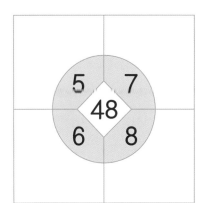

⑥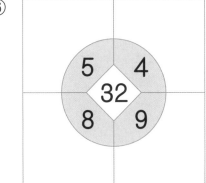

⑨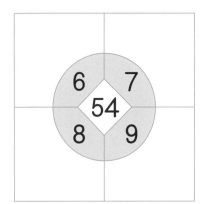

⑦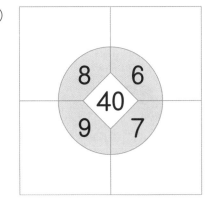

⑩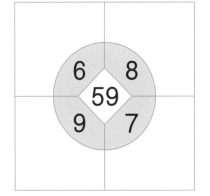

나누어떨어지면 나머지는 0이에요.

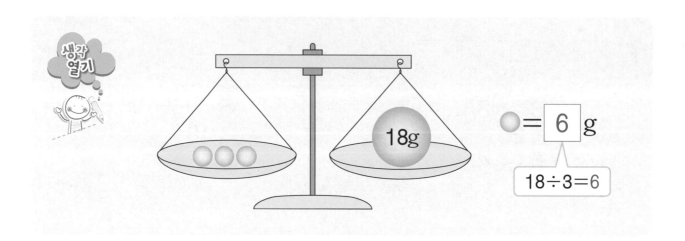

❖ 같은 모양의 무게가 각각 같을 때, ☐ 안에 알맞은 수를 써넣으세요.

①

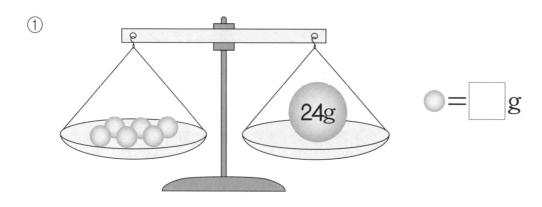

②

③

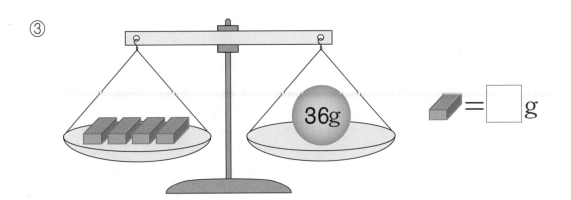

= ⬜ g

④

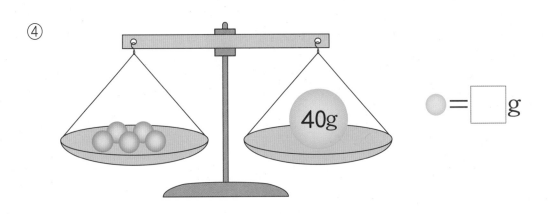

◯ = ⬜ g

⑤

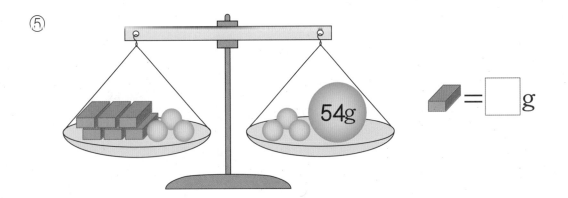

= ⬜ g

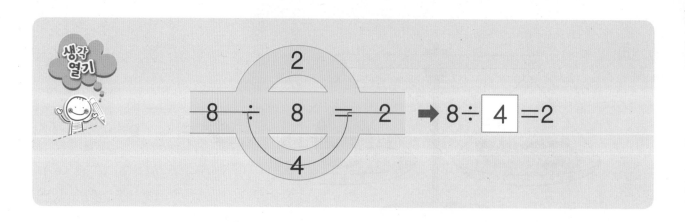

❖ 나눗셈식에 알맞게 선을 긋고, ☐ 안에 알맞은 수를 써넣으세요.

①

$$18 \div 9 = 6$$

➡ 18÷☐=6

3
6

②

$$24 \div 6 = 8$$

➡ 24÷☐=8

3
8

③

$$36 \div 4 = 9$$

➡ 36÷☐=9

9
6

④

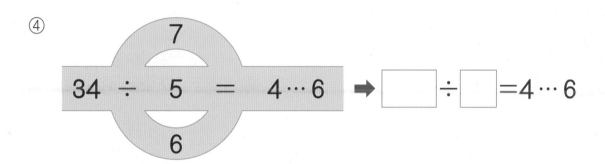

$34 \div 5 = 4 \cdots 6$

(circle numbers: 7, 6)

➡ $\boxed{} \div \boxed{} = 4 \cdots 6$

⑤

$38 \div 7 = 6 \cdots 2$

(circle numbers: 5, 6)

➡ $38 \div \boxed{} = 6 \cdots 2$

⑥

$42 \div 9 = 8 \cdots 2$

(circle numbers: 8, 5)

➡ $\boxed{} \div \boxed{} = 8 \cdots 2$

⑦

$62 \div 9 = 6 \cdots 8$

(circle numbers: 7, 8)

➡ $62 \div \boxed{} = 6 \cdots 8$

(몫)×(나누는 수)+(나머지)를 이용하세요.

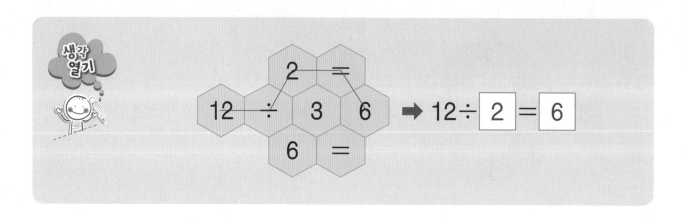

생각
열기

2 =
12 ÷ 3 6 ➡ 12 ÷ 2 = 6
6 =

❖ 나눗셈식에 알맞게 선을 긋고, □ 안에 알맞은 수를 써넣으세요.

①
2 =
16 ÷ 4 4 ➡ 16 ÷ □ = □
8 =

②
6 =
24 ÷ 2 3 ➡ 24 ÷ □ = □
8 =

③
4 =
36 ÷ 6 4 ➡ 36 ÷ □ = □
9 =

74

④

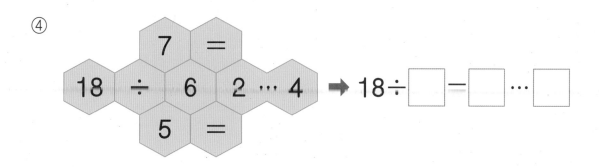

7 =
18 ÷ 6   2 ⋯ 4   ➡ 18 ÷ ☐ − ☐ ⋯ ☐
5 =

⑤

2 =
21 ÷ 9   3 ⋯ 3   ➡ 21 ÷ ☐ = ☐ ⋯ ☐
6 =

⑥

4 =
34 ÷ 8   6 ⋯ 4   ➡ ☐ ÷ ☐ = ☐ ⋯ ☐
5 =

⑦

9 =
55 ÷ 8   6 ⋯ 7   ➡ ☐ ÷ ☐ = ☐ ⋯ ☐
6 =

곱셈구구로 하는 나눗셈 ③ 발전 [연습]

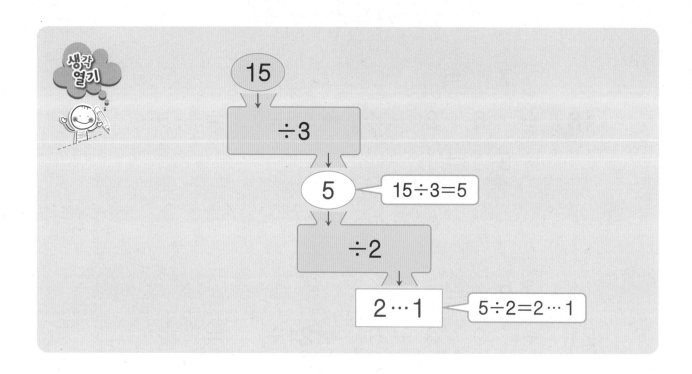

❖ ◯ 안에는 몫을, ☐ 안에는 몫과 나머지를 써넣으세요.

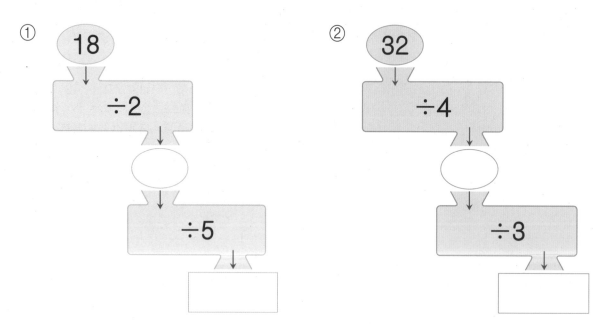

① 18

② 32

③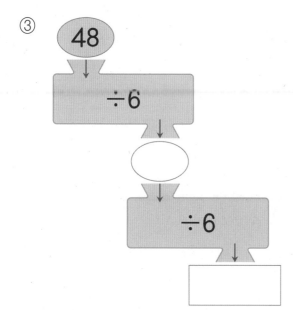

⑤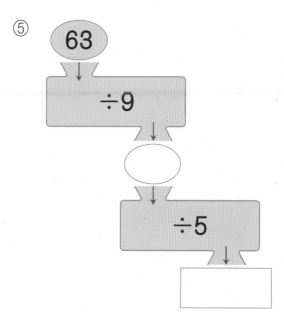

④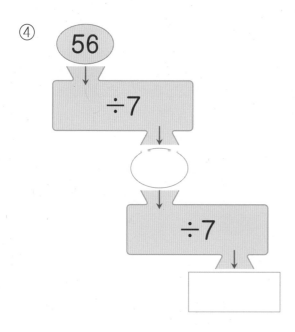

⑥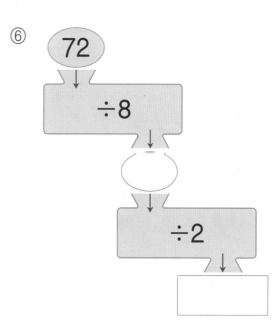

위에서부터 차례로 나눗셈을 하세요.

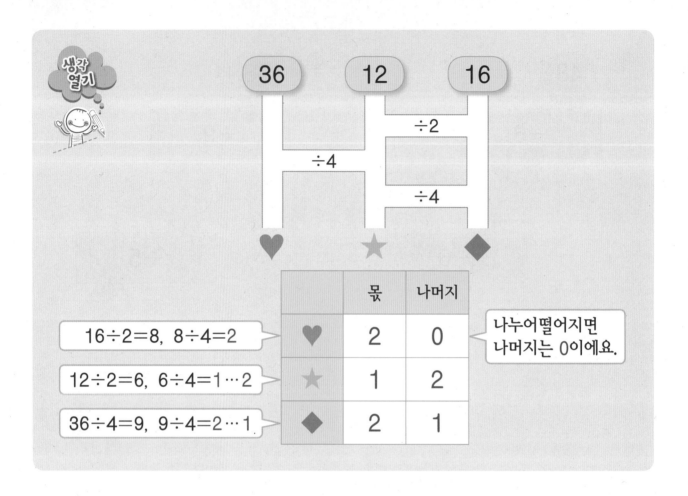

생각 열기

	몫	나머지
♥	2	0
★	1	2
◆	2	1

16÷2=8, 8÷4=2

12÷2=6, 6÷4=1⋯2

36÷4=9, 9÷4=2⋯1

나누어떨어지면 나머지는 0이에요.

❖ 사다리타기를 하여 나온 모양에 알맞은 값을 빈 곳에 써넣으세요.

①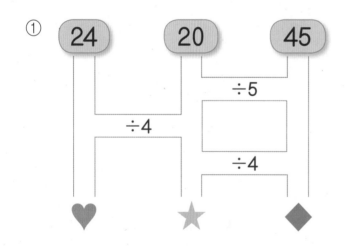

	몫	나머지
♥		
★		
◆		

②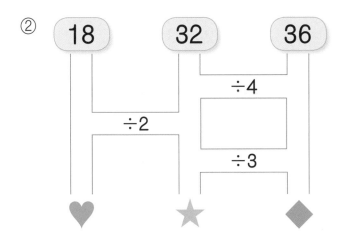

	몫	나머지
♥		
★		
◆		

③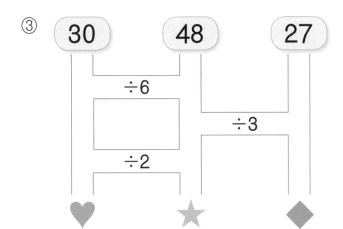

	몫	나머지
♥		
★		
◆		

④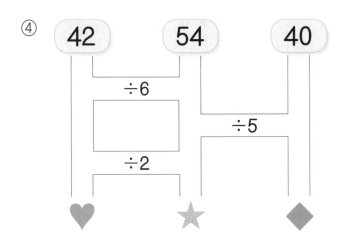

	몫	나머지
♥		
★		
◆		

사다리를 타고 내려오면서 나눗셈을 하세요.

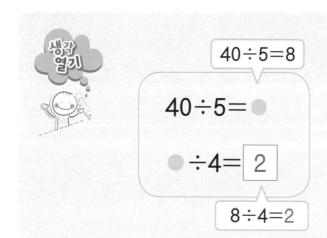

생각열기

40÷5=8

40÷5=●

●÷4= 2

8÷4=2

24÷3=8

24÷3=♥

♥÷5= 1 … 3

8÷5=1…3

❖ ☐ 안에 몫과 나머지를 알맞게 써넣으세요.

① 18÷3=■

■÷2=☐

② 24÷6=♥

♥÷4=☐

③ 30÷5=♣

♣÷3=☐

④ 64÷8=●

●÷8=☐

⑤ 72÷9=▣

▣÷2=☐

⑥ 81÷9=●

●÷3=☐

⑦ $16 \div 2 = ♥$

$♥ \div 6 =$ ____

⑪ $42 \div 6 = ◉$

$◉ \div 5 =$ ____

⑧ $20 \div 4 = ◈$

$◈ \div 2 =$ ____

⑫ $45 \div 5 = ♣$

$♣ \div 7 =$ ____

⑨ $27 \div 3 = ◆$

$◆ \div 4 =$ ____

⑬ $48 \div 6 = ♥$

$♥ \div 3 =$ ____

⑩ $35 \div 5 = ●$

$● \div 4 =$ ____

⑭ $54 \div 9 = ★$

$★ \div 4 =$ ____

나눗셈의 몫을 구하여 몫을 다시 나누는 계산이에요.

곱셈구구로 하는 나눗셈 ③ 추론   반복

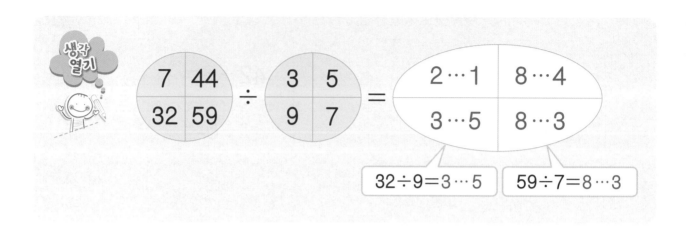

$$32 \div 9 = 3 \cdots 5 \qquad 59 \div 7 = 8 \cdots 3$$

❖ 같은 자리에 있는 수끼리 나눗셈을 하여 같은 자리에 몫과 나머지를 써넣으세요.

①
$$\begin{array}{|c|c|} 5 & 12 \\ \hline 38 & 26 \end{array} \div \begin{array}{|c|c|} 2 & 7 \\ \hline 6 & 4 \end{array} = $$

②
$$\begin{array}{|c|c|} 23 & 13 \\ \hline 22 & 11 \end{array} \div \begin{array}{|c|c|} 5 & 4 \\ \hline 8 & 2 \end{array} = $$

③
$$\begin{array}{|c|c|} 5 & 13 \\ \hline 14 & 39 \end{array} \div \begin{array}{|c|c|} 3 & 5 \\ \hline 4 & 8 \end{array} = $$

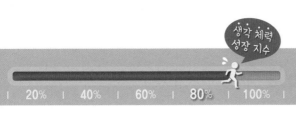
④

$$\begin{array}{|c|c|} 25 & 37 \\ \hline 19 & 40 \end{array} \div \begin{array}{|c|c|} 3 & 7 \\ \hline 4 & 6 \end{array} = $$

⑤

$$\begin{array}{|c|c|} 33 & 17 \\ \hline 29 & 60 \end{array} \div \begin{array}{|c|c|} 4 & 3 \\ \hline 7 & 8 \end{array} = $$

⑥

$$\begin{array}{|c|c|} 58 & 43 \\ \hline 47 & 34 \end{array} \div \begin{array}{|c|c|} 6 & 9 \\ \hline 7 & 5 \end{array} = $$

⑦

$$\begin{array}{|c|c|} 71 & 29 \\ \hline 19 & 11 \end{array} \div \begin{array}{|c|c|} 9 & 6 \\ \hline 2 & 3 \end{array} = $$

같은 자리에 있는 수로 나눗셈을 해야 돼요.

곱셈구구로 하는 나눗셈 ③ 종합

❖ 빈 곳에 몫과 나머지를 써넣으세요.

①

②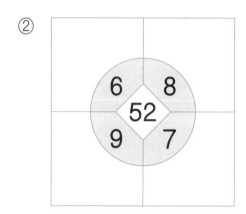

❖ 같은 모양의 무게가 각각 같을 때, ☐ 안에 알맞은 수를 써넣으세요.

③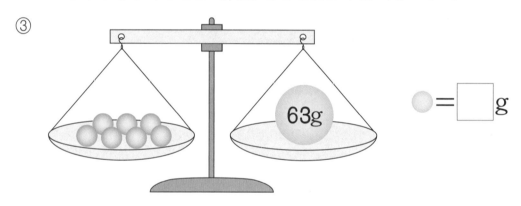

◯ = ☐ g

❖ 나눗셈식에 알맞게 선을 긋고, ☐ 안에 알맞은 수를 써넣으세요.

④

```
      3
24 ÷  6  =  8    ➡  24÷☐=8
      8
```

⑤

```
        7   =
27  ÷   9   3 … 6    ➡  27÷☐=☐…☐
        4   =
```

❖ 사다리타기를 하여 나온 모양에 알맞은 값을 빈 곳에 써넣으세요.

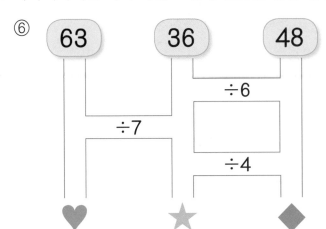

⑥

	몫	나머지
♥		
★		
◆		

❖ □ 안에 몫과 나머지를 알맞게 써넣으세요.

⑦
$$64 \div 8 = ●$$
$$● \div 3 = \boxed{}$$

⑧
$$81 \div 9 = ♥$$
$$♥ \div 2 = \boxed{}$$

❖ 같은 자리에 있는 수끼리 나눗셈을 하여 같은 자리에 몫과 나머지를 써넣으세요.

⑨

26	43
32	68

÷

4	5
7	9

=

수고하셨어요.

여기까지 '32가지 유형 617문제'로 사고계산력을 완성했어요.
이제 '두바퀴'를 통해 한 주 동안 자란 나의 문제해결력을 확인해 보세요.

같은 수로 **2**번 나누었을 때
몫이 **1, 2, 3**이 되는 나눗셈식을 만들어 봐.

$$\boxed{} \div 2 \div 2 = 1$$

$$\boxed{} \div 2 \div 2 = 2$$

$$\boxed{} \div 2 \div 2 = 3$$

2를 2번 나누어 몫이 **1, 2, 3**이 되는 나누어지는 수는

$1 \times 2 \times 2 = \boxed{}$, $2 \times 2 \times 2 = \boxed{}$,

$3 \times 2 \times 2 = \boxed{}$ 야.

❖ 위와 같이 같은 수로 2번 나누었을 때 몫이 1, 2, 3이 되는 나눗셈식을
만들어 보세요.

$$\boxed{} \div \boxed{} \div \boxed{} = 1$$

$$\boxed{} \div \boxed{} \div \boxed{} = 2$$

$$\boxed{} \div \boxed{} \div \boxed{} = 3$$

5주 올림이 없는 (두 자리수)×(한 자리 수)

	학습 내용	학습 계획
1일차	올림이 없는 (두 자리수)×(한 자리 수) 알기	2가지 유형 46문제 월 일
2일차	올림이 없는 (두 자리수)×(한 자리 수) 키움	2가지 유형 34문제 월 일
3일차	올림이 없는 (두 자리수)×(한 자리 수) 발전	2가지 유형 51문제 월 일
4일차	올림이 없는 (두 자리수)×(한 자리 수) 추론	2가지 유형 47문제 월 일
5일차	올림이 없는 (두 자리수)×(한 자리 수) 종합	25문제 월 일

두뇌를 **바**꾸는 **퀴**즈

올림이 없는 (두 자리 수)×(한 자리 수) 알기 연습

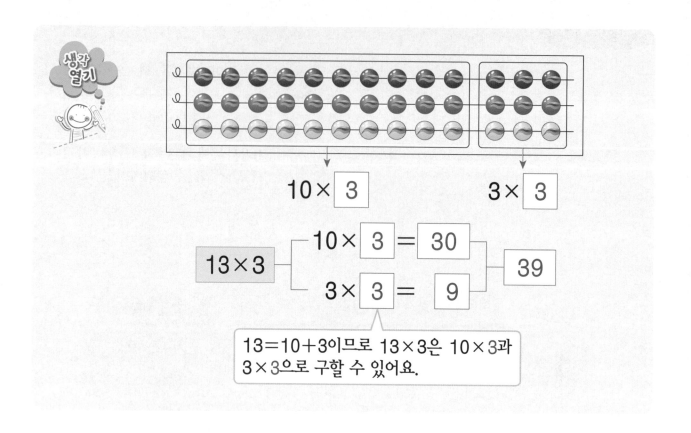

$10 \times \boxed{3}$ $3 \times \boxed{3}$

$\boxed{13 \times 3}$ ┬ $10 \times \boxed{3} = \boxed{30}$ ┐
         └ $3 \times \boxed{3} = \boxed{9}$ ┘ $\boxed{39}$

13=10+3이므로 13×3은 10×3과 3×3으로 구할 수 있어요.

❖ 그림을 보고, ☐ 안에 알맞은 수를 써넣으세요.

①

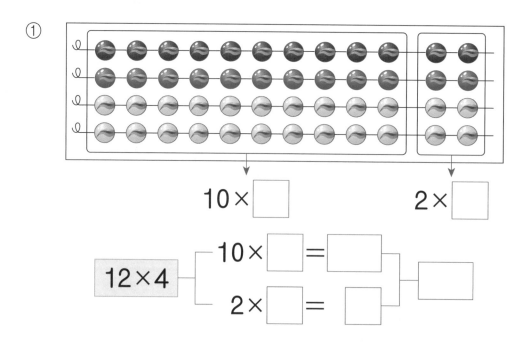

$10 \times \boxed{}$ $2 \times \boxed{}$

$\boxed{12 \times 4}$ ┬ $10 \times \boxed{} = \boxed{}$ ┐
         └ $2 \times \boxed{} = \boxed{}$ ┘ $\boxed{}$

②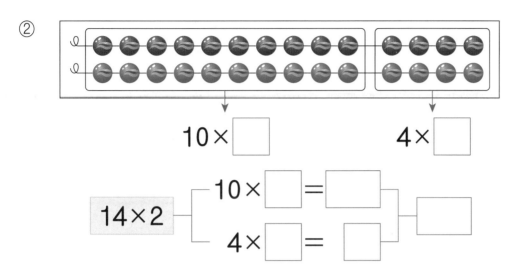

$10 \times \boxed{}$ $4 \times \boxed{}$

14×2 ┌ $10 \times \boxed{} = \boxed{}$ ┐ $\boxed{}$
└ $4 \times \boxed{} = \boxed{}$ ┘

③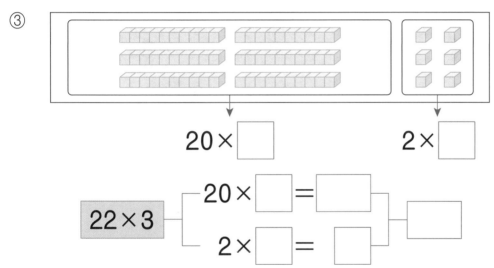

$20 \times \boxed{}$ $2 \times \boxed{}$

22×3 ┌ $20 \times \boxed{} = \boxed{}$ ┐ $\boxed{}$
└ $2 \times \boxed{} = \boxed{}$ ┘

④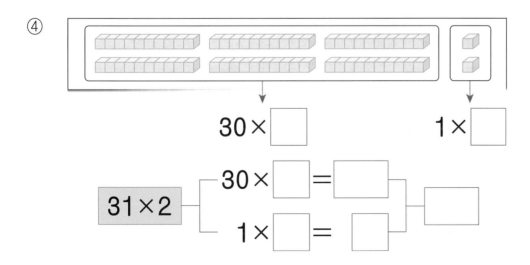

$30 \times \boxed{}$ $1 \times \boxed{}$

31×2 ┌ $30 \times \boxed{} = \boxed{}$ ┐ $\boxed{}$
└ $1 \times \boxed{} = \boxed{}$ ┘

(몇십 몇)×(몇)은 (몇십)×(몇)과 (몇)×(몇)으로 나누어 구할 수 있어요.

올림이 없는 (두 자리 수)×(한 자리 수) 알기 반복

×2	
10	20
22	44
34	68

10×2=20

22×2=44

34×2=68

❖ 빈 곳에 알맞은 수를 써넣으세요.

①

×4	
10	
12	
21	

③

×3	
12	
31	
22	

②

×2	
11	
41	
24	

④

×3	
13	
21	
33	

⑤

×3	
20	
32	
13	

⑧

×3	
30	
11	
23	

⑥

×4	
20	
12	
22	

⑨

×2	
31	
12	
43	

⑦

×2	
23	
33	
14	

⑩

×2	
44	
32	
21	

■와 ▲의 곱은 ■를 ▲번 더한 것과 같아요.

올림이 없는 (두 자리 수)×(한 자리 수) 기본 연습

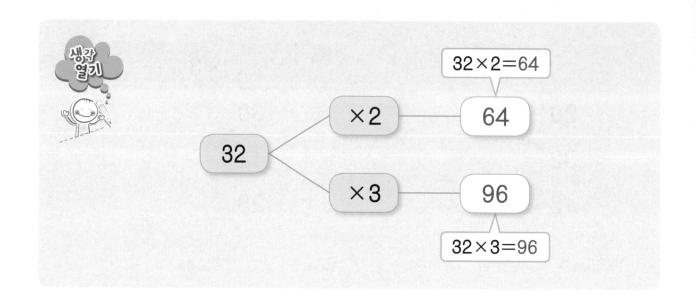

❖ 빈 곳에 알맞은 수를 써넣으세요.

①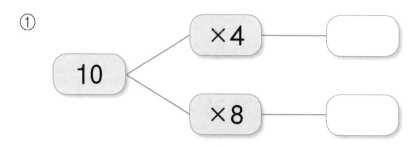

②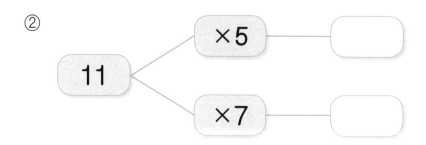

③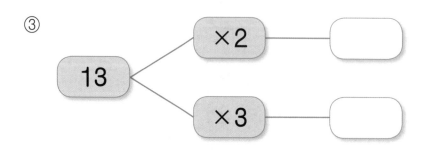

올림이 없는 곱셈은 곱셈구구를 이용해 머리셈으로 하세요.

④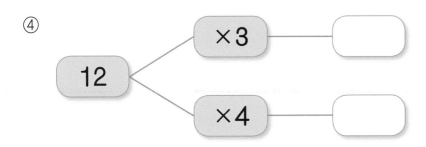

⑤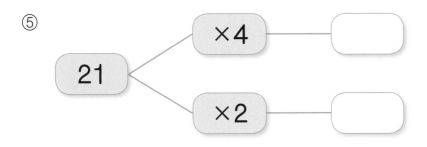

⑥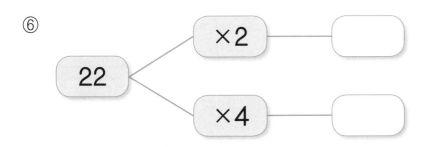

⑦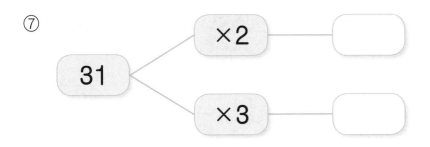

생각
열기

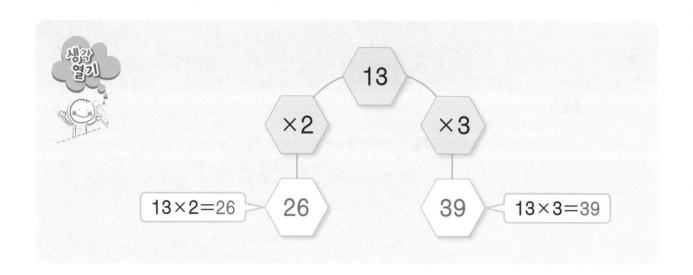

13

×2   ×3

13×2=26 — 26   39 — 13×3=39

❖ 빈 곳에 알맞은 수를 써넣으세요.

①

10

×3   ×7

③

12

×2   ×4

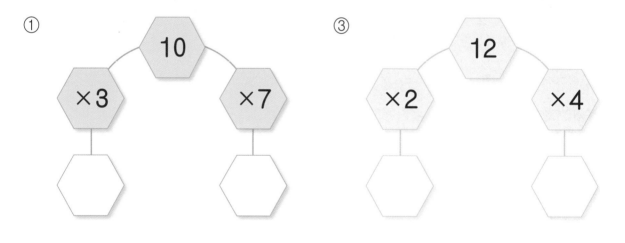

②

11

×4   ×6

④

20

×3   ×4

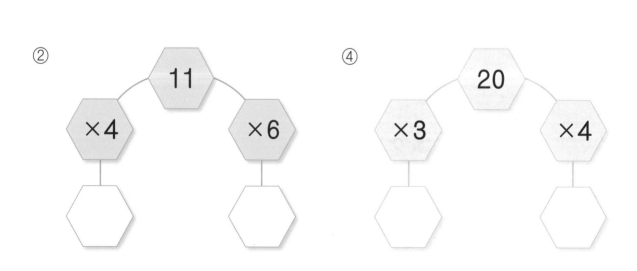

⑤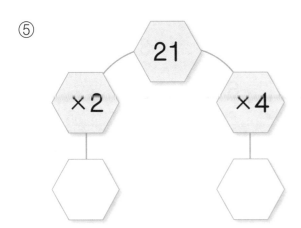

⑧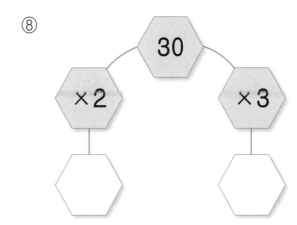

⑥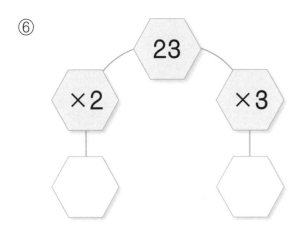

⑨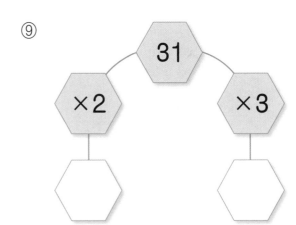

⑦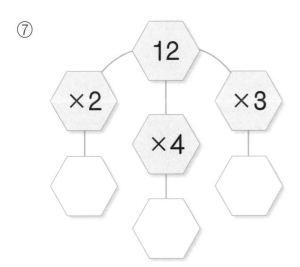

⑩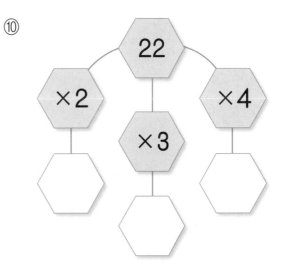

(몇십)×(몇)은 (몇)×(몇)의 곱 뒤에 0을 한 개 붙여 주는 것과 같아요.

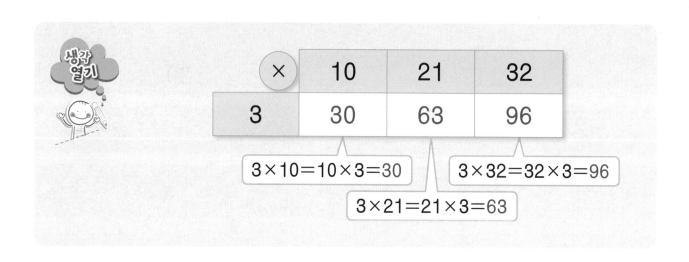

생각
열기

×	10	21	32
3	30	63	96

$3×10=10×3=30$ $3×32=32×3=96$

$3×21=21×3=63$

❖ 빈 곳에 알맞은 수를 써넣으세요.

①

×	40	23	31
2			

②

×	30	13	22
3			

③

×	20	11	21
4			

④

×	20	13	34
2			

⑤

×	20	12	31
3			

⑥

×	10	22	12
4			

⑦

×	30	14	42
2			

올림이 없는 (두 자리 수)×(한 자리 수) 발전 [반복]

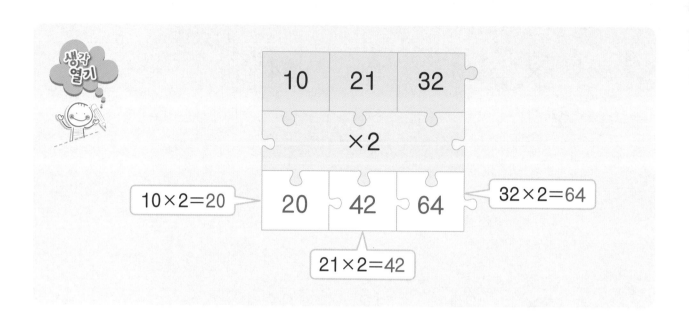

❖ 빈 곳에 알맞은 수를 써넣으세요.

①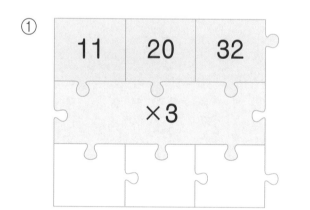

③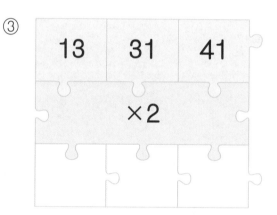

②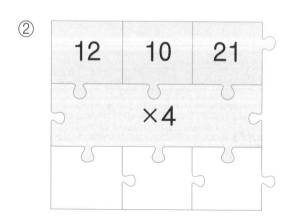

④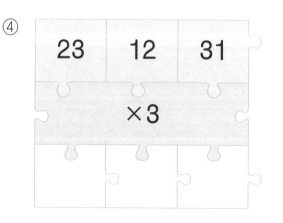

⑤

20	11	22
×4		

⑧

31	23	12
×3		

⑥

22	30	11
×3		

⑨

33	10	21
×3		

⑦

30	13	23
×3		

⑩

42	11	24
×2		

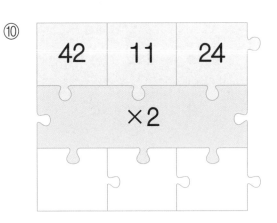

■×▲=■+……+■
      └─▲개─┘

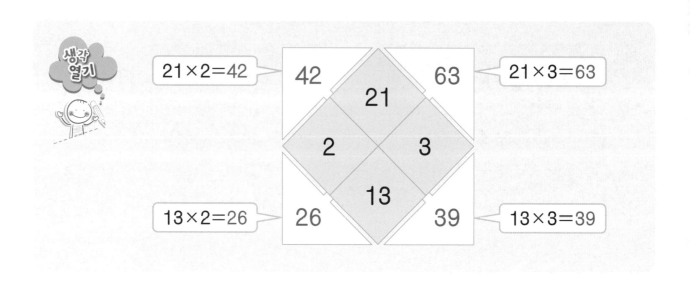

❖ 이웃하는 두 수의 곱을 빈 곳에 써넣으세요.

①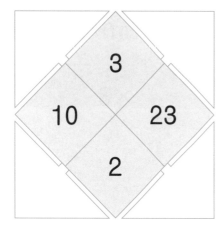

③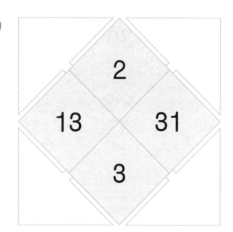

②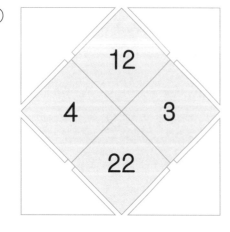

④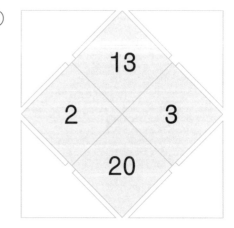

받아올림이 없는 두 수의 곱은 머리셈으로 하여 연산 능력을 키우세요.

⑤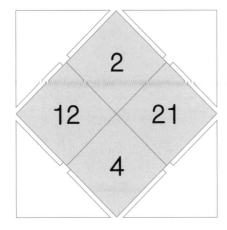

⑧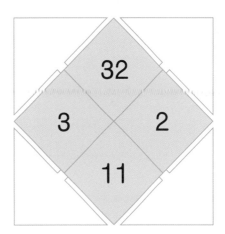

⑥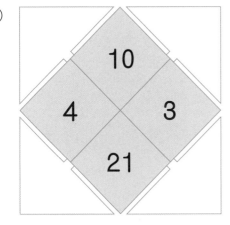

⑨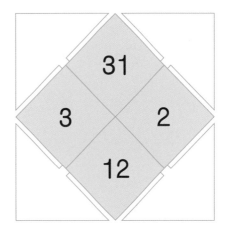

⑦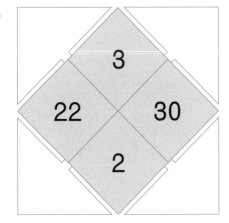

⑩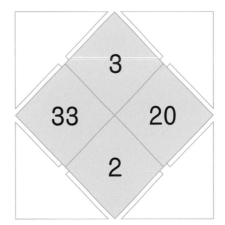

올림이 없는 (두 자리 수)×(한 자리 수) 추론 [반복]

2	64	31
3	20	4
63	21	82

➡ | 21 | × | 3 | = | 63 |

❖ 이웃하는 세 수 중 곱셈식을 만들 수 있는 수를 찾아 묶고 곱셈식을 쓰세요.

①

69	4	12
2	21	48
44	3	82

➡ 12 × ☐ = ☐

②

3	84	21
23	2	48
62	46	4

➡ 23 × ☐ = ☐

③

34	2	12
32	96	3
4	46	66

➡ ☐ × 3 = ☐

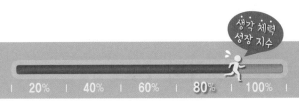
④

80	3	32
93	21	2
4	13	26

➡ ☐ ×2= ☐

⑤

21	14	3
84	2	26
4	31	90

➡ ☐ × ☐ = ☐

⑥

46	2	12
3	42	84
24	4	31

➡ ☐ × ☐ = ☐

⑦

21	3	44
4	68	34
69	13	2

➡ ☐ × ☐ = ☐

곱셈식이 만들어지는 세 수를 찾아봐요.

올림이 없는 (두 자리 수)×(한 자리 수) 종합

❖ 그림을 보고, ☐ 안에 알맞은 수를 써넣으세요.

①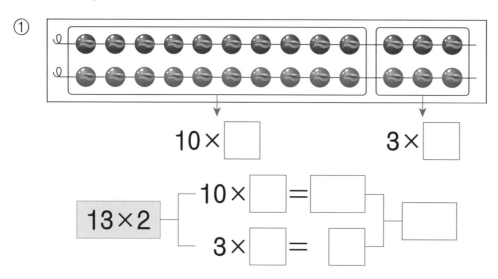

$10 \times \boxed{}$ $3 \times \boxed{}$

13×2 ⎨ $10 \times \boxed{} = \boxed{}$ ⎫ $\boxed{}$
        $3 \times \boxed{} = \boxed{}$ ⎭

❖ 빈 곳에 알맞은 수를 써넣으세요.

②

×2	
20	
13	
42	

③

×3	
11	
23	
32	

④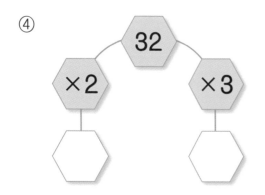

⑤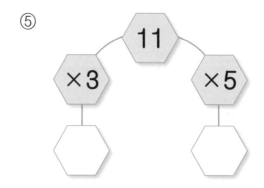

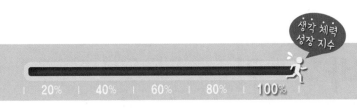
⑥

×	12	43	24
2			

⑦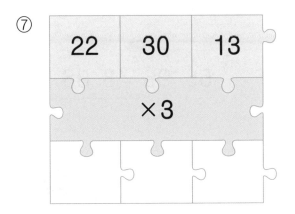

⑧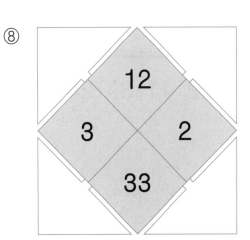

❖ 이웃하는 세 수 중 곱셈식을 만들 수 있는 수를 찾아 묶고 곱셈식을 쓰세요.

⑨

69	33	2
23	3	82
4	68	21

➡ ☐ × ☐ = ☐

수고하셨어요.

여기까지 '40가지 유형 820문제'로 사고계산력을 완성했어요.
이제 '두바퀴'를 통해 한 주 동안 자란 나의 문제해결력을 확인해 보세요.

■, ▲, ●의 수를 한 번씩만 사용하여
■×▲=●의 **각 수가 규칙**처럼 나열되게 식을 알아봐!

$$규칙$$

■▲●■▲●■▲●■▲●

■	▲	●
22 11 32 24	3 4 2 5	55 96 48 88

$22 \times 4 = \boxed{}$, $11 \times \boxed{} = \boxed{}$,

$32 \times \boxed{} = \boxed{}$, $24 \times \boxed{} = \boxed{}$ 로 나열하면 돼.

❖ ★, ♥, ●의 수를 한 번씩만 사용하여 ★×●=♥의 각 수가 규칙처럼 나열되게 식을 식으로 써보세요.

★	♥	●
2 4 9 3	69 88 99 62	23 31 22 11

$$규칙$$

★●♥★●♥★●♥★●♥

➡ _____

6주

(두 자리수)×(한 자리 수)

이·번·주·학·습·목·표

(두 자리 수)×(한 자리 수)의
계산 원리를 알고 활용할 수 있습니다.

'8가지 유형 180문제'와 '두바퀴'로
사고계산력을 완성할 수 있습니다.

	학습 내용	학습 계획
1일차	(두 자리수)×(한 자리 수) 알기	2가지 유형 48문제 · 월 · 일
2일차	(두 자리수)×(한 자리 수) 기본	2가지 유형 44문제 · 월 · 일
3일차	(두 자리수)×(한 자리 수) 발전	2가지 유형 24문제 · 월 · 일
4일차	(두 자리수)×(한 자리 수) 추론	2가지 유형 40문제 · 월 · 일
5일차	(두 자리수)×(한 자리 수) 종합	24문제 · 월 · 일

두 뇌를 **바** 꾸는 **퀴** 즈

(두 자리 수)×(한 자리 수) 알기 연습

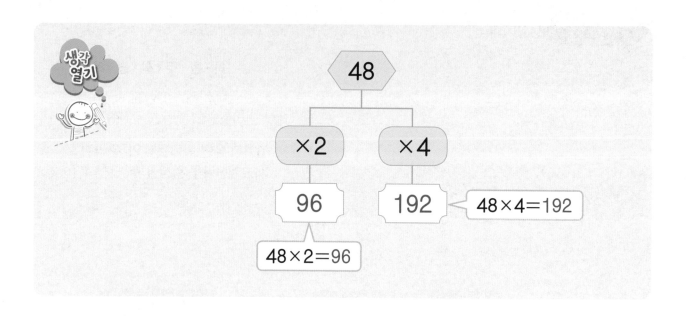

❖ 빈 곳에 알맞는 수를 써넣으세요.

①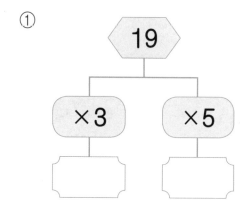

③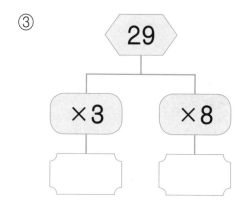

②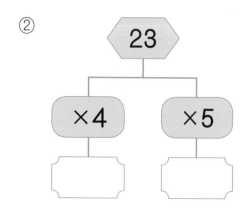

④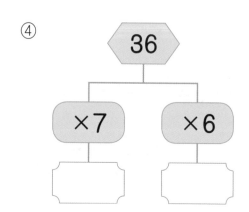

⑤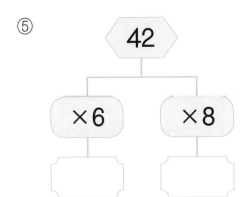

⑧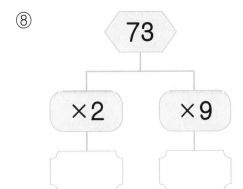

⑥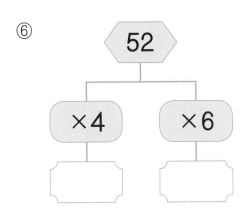

⑨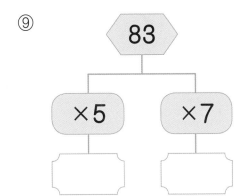

⑦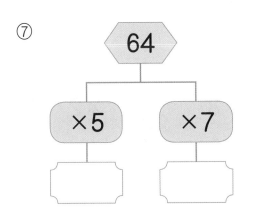

⑩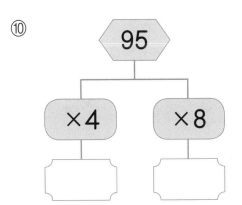

올림한 값을 잊지 않고 윗자리에 더해줘요.

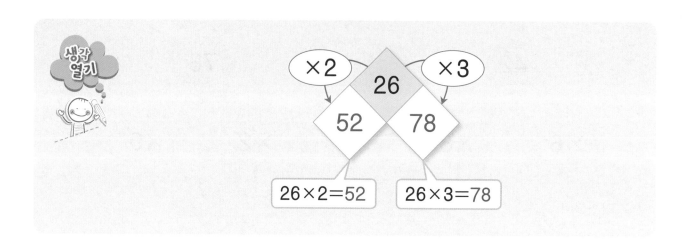

26×2=52   26×3=78

❖ 빈 곳에 알맞은 수를 써넣으세요.

①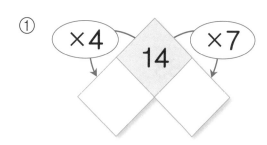

④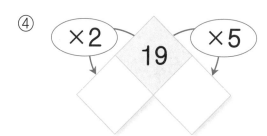

②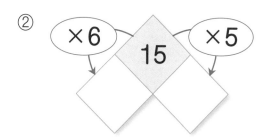

⑤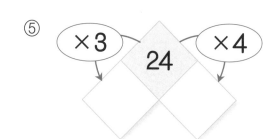

③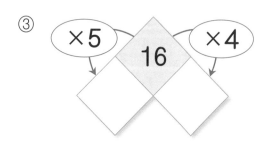

⑥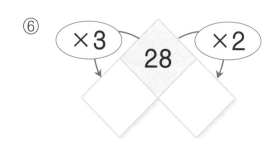

⑦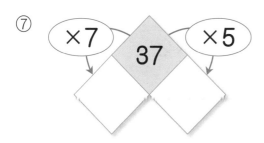

×7 37 ×5

⑪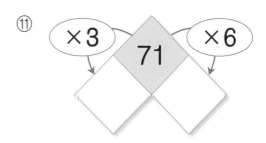

×3 71 ×6

⑧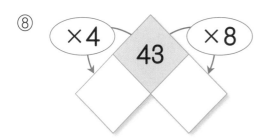

×4 43 ×8

⑫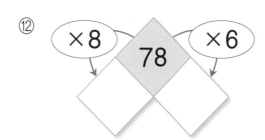

×8 78 ×6

⑨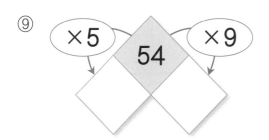

×5 54 ×9

⑬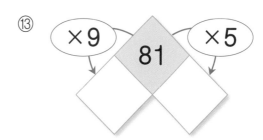

×9 81 ×5

⑩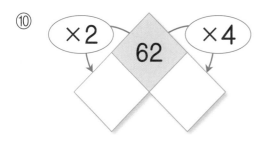

×2 62 ×4

⑭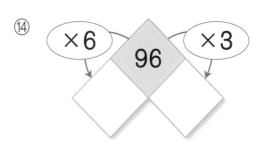

×6 96 ×3

곱을 구할 때 가로셈이 힘들면 세로셈으로 계산해 보세요.

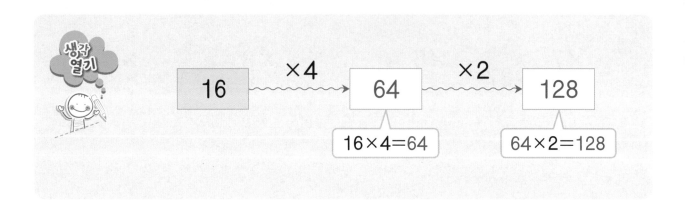

❖ 빈 곳에 알맞은 수를 써넣으세요.

① 12 ──×5──→ [ ] ──×6──→ [ ]

② 15 ──×4──→ [ ] ──×3──→ [ ]

③ 24 ──×3──→ [ ] ──×4──→ [ ]

④ 18 ×5 [ ] ×8 [ ]

⑤ 29 ×3 [ ] ×5 [ ]

⑥ 37 ×2 [ ] ×7 [ ]

⑦ 46 ×2 [ ] ×6 [ ]

 올림이 있는 곱셈은 올림한 수를 잊지 않도록 작게 써주세요.

(두 자리 수)×(한 자리 수) 기본 반복

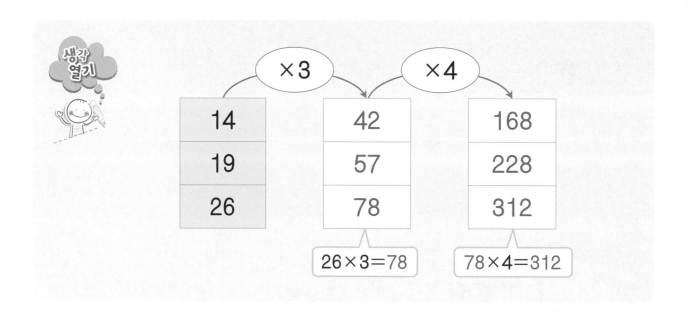

	×3	×4
14	42	168
19	57	228
26	78	312

26×3=78   78×4=312

❖ 빈 곳에 알맞은 수를 써넣으세요.

①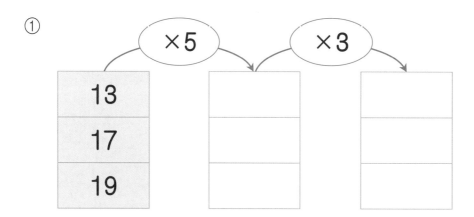

	×5	×3
13		
17		
19		

②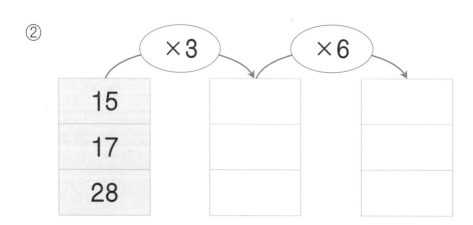

	×3	×6
15		
17		
28		

③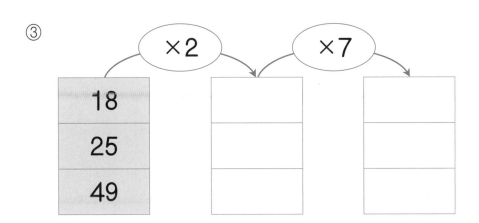

④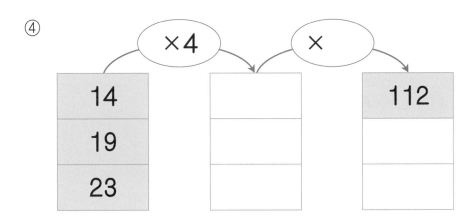

⑤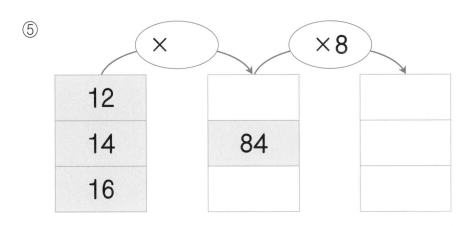

올림한 수를 윗자리에 더하는 것을 잊지마세요.

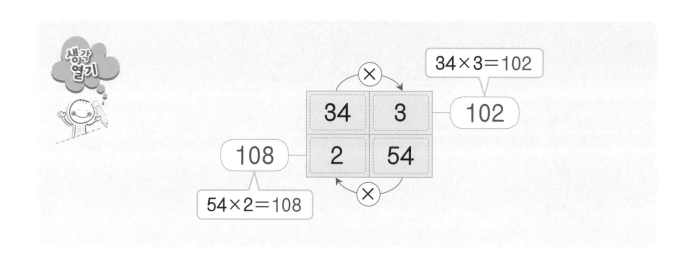

34×3=102

| 34 | 3 | ── 102 |
| 108 ── | 2 | 54 |

54×2=108

❖ 빈 곳에 알맞은 수를 써넣으세요.

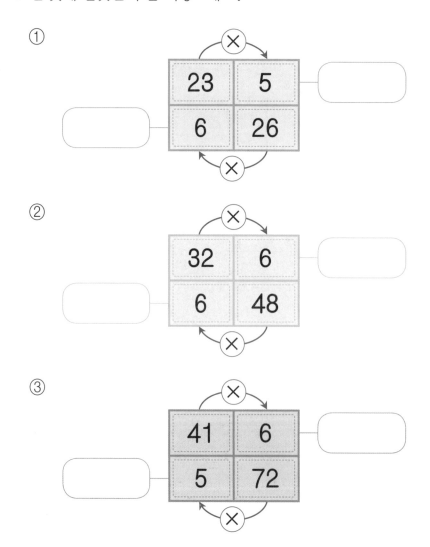

①
| 23 | 5 |
| 6 | 26 |

②
| 32 | 6 |
| 6 | 48 |

③
| 41 | 6 |
| 5 | 72 |

④

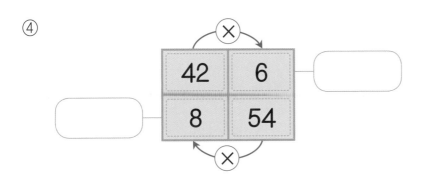

⑤

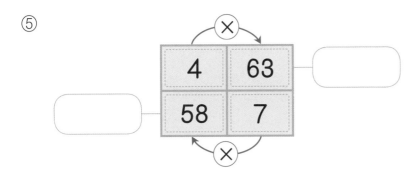

⑥

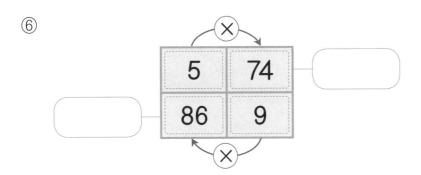

⑦

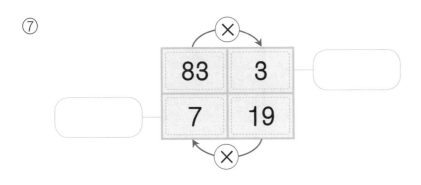

올림이 두 번 있는 계산은 십의 자리와 백의 자리에 올림한 수를 더해주세요.

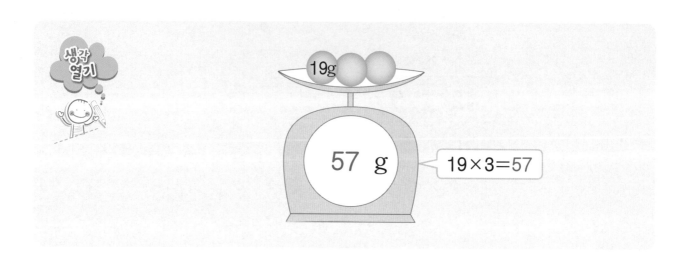

❖ 저울에 무게가 같은 구슬을 놓았어요. 구슬 전체의 무게를 빈 곳에 써넣으세요.

①
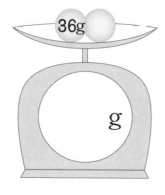

③
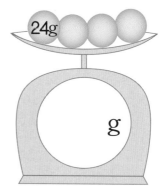

②
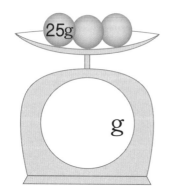

④
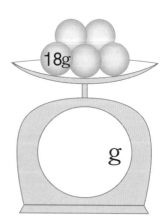

⑤

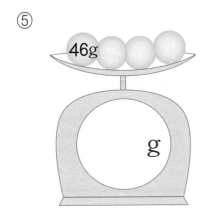

46g

g

⑧

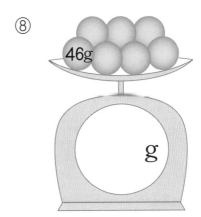

46g

g

⑥

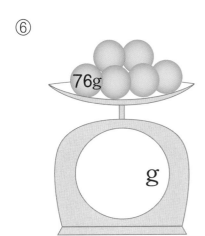

76g

g

⑨

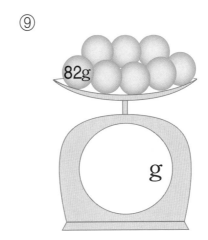

82g

g

⑦

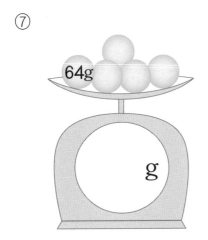

64g

g

⑩

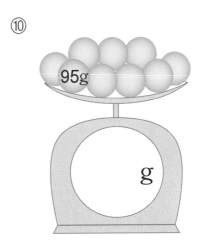

95g

g

(구슬 한 개의 무게)×(구슬의 개수)=(구슬 전체의 무게)

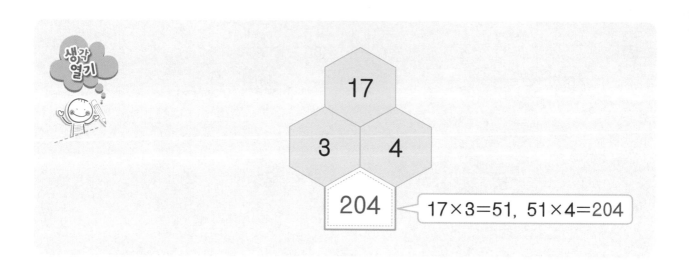

17×3=51, 51×4=204

❖ 세 수의 곱을 빈 곳에 써넣으세요.

①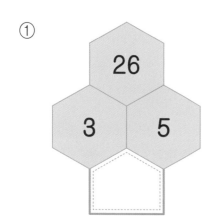

③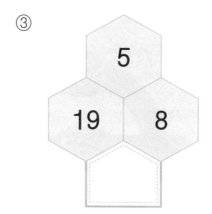

②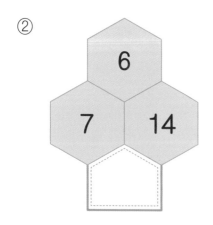

④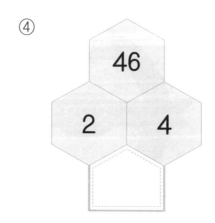

⑤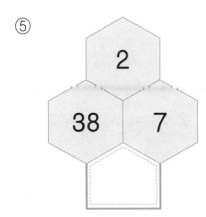

⑧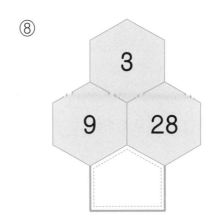

⑥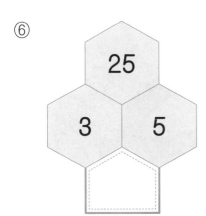

⑨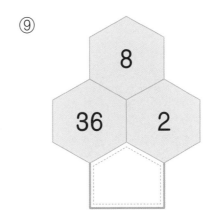

⑦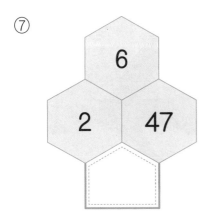

⑩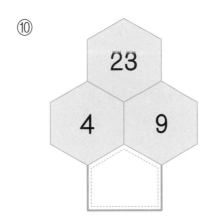

두 자리 수에 한 자리 수를 곱한 후 그 곱에 나머지 한 자리 수를 곱해요.

(두 자리 수)×(한 자리 수) 추론 반복

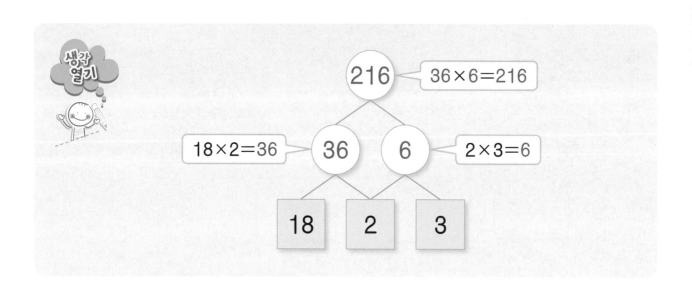

❖ 아래 두 수의 곱을 바로 위에 써넣으세요.

①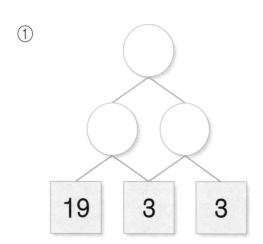

③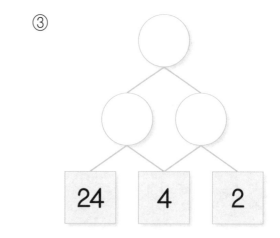

②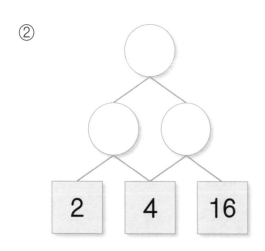

④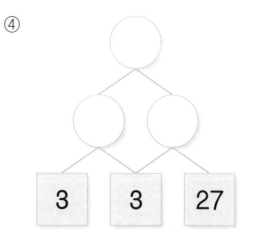

⑤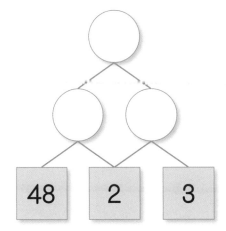

⑧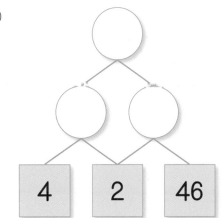

⑥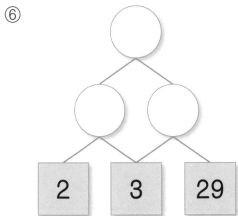

⑨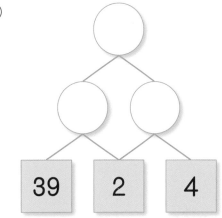

⑦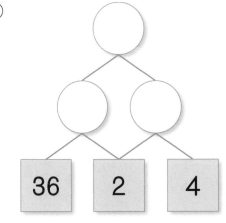

⑩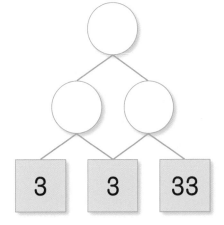

아래 두 수의 곱을 위에 쓰는 계산을 계속해요.

(두 자리 수)×(한 자리 수) 종합

❖ 빈 곳에 알맞은 수를 써넣으세요.

①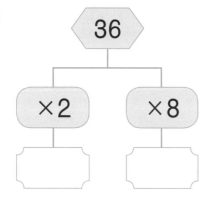

②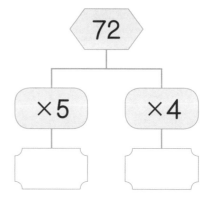

③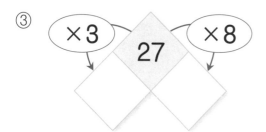

④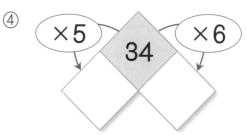

⑤

⑥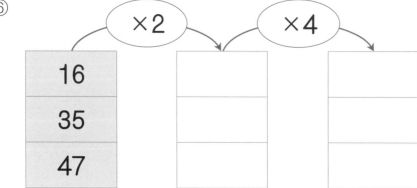

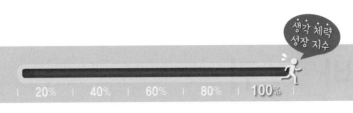
❖ 저울에 무게가 같은 구슬을 놓았어요. 구슬 전체의 무게를 빈 곳에 써넣으세요.

⑦
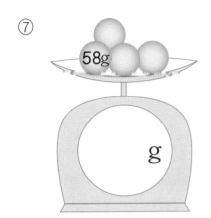

⑧
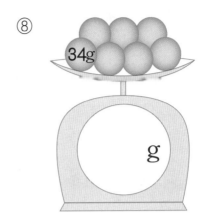

❖ 아래의 두 수의 곱을 바로 위의 빈 곳에 써넣으세요.

⑨
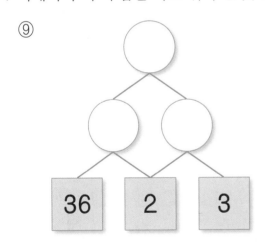

⑩
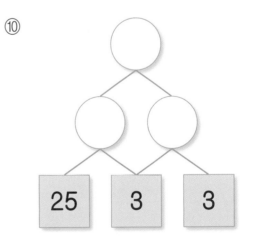

수고하셨어요.

여기까지 '48가지 유형 1000문제'로 사고계산력을 완성했어요.
이제 '두바퀴'를 통해 한 주 동안 자란 나의 문제해결력을 확인해 보세요.

양쪽의 수를 한 번씩 사용하여
곱이 같은 곱셈식 **3**개를 만들어 봐.

| 27 | 18 | 36 | 3 | 6 | 4 |

곱의 일의 자리 숫자가 **8**이 되는 수를 짝지어 보면

$18 \times \boxed{} = \boxed{}$, $27 \times \boxed{} = \boxed{}$,

$36 \times \boxed{} = \boxed{}$ 이네.

❖ 양쪽의 수를 한 번씩 사용하여 곱이 같은 곱셈식 3개를 만들어 보세요.

| 6 | 3 | 9 | 54 | 18 | 27 |

➡ _____ , _____ , _____

5권

권말평가

자연수의 곱셈과 나눗셈 기본

❖ 빈 곳에 알맞은 수를 써넣으세요.

①

÷6

24	
36	
48	

②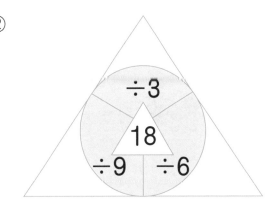

❖ 곱셈식은 나눗셈식으로, 나눗셈식은 곱셈식으로 나타내세요.

③

$6 \times 8 = 48$

④

$56 \div 8 = 7$

❖ ○ 안에는 몫을, ◇ 안에는 나머지를 써넣으세요.

⑤

÷

| 18 | 5 |
| 26 | 3 |

⑥

÷

| 60 | 8 |
| 75 | 9 |

❖ ☐ 안에 몫과 나머지를 알맞게 써넣으세요.

⑦
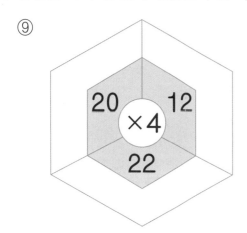

$64 \div 8 = ●$

$● \div 5 = $ ☐

⑧
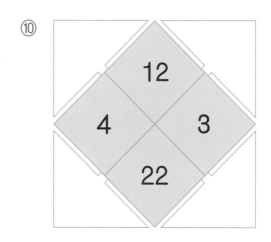

$81 \div 9 = ★$

$★ \div 4 = $ ☐

❖ 곱셈을 하여 빈 곳에 알맞은 수를 써넣으세요.

⑨
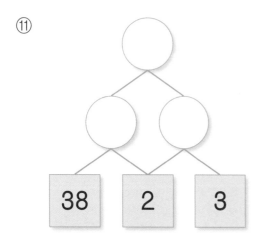

⑩
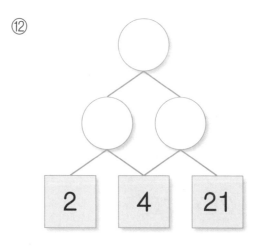

❖ 아래의 두 수의 곱을 바로 위의 빈 곳에 써넣으세요.

⑪

38 2 3

⑫

2 4 21

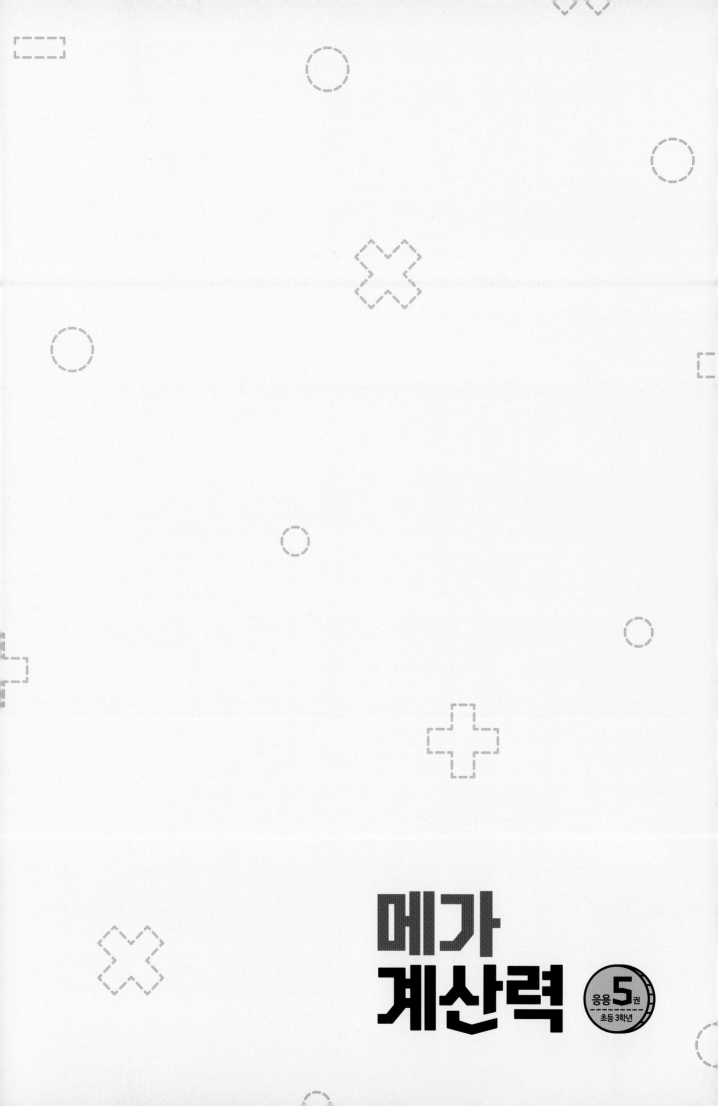

메가
계산력 응용5권
초등 3학년

메가
계산력

메가스터디 **수학 연산 프로그램**

메가 계산력

응용 **5** 권
초등 3학년

자연수의 곱셈과 나눗셈 기본

정답

메가
계산력 응용 5 권
초등 3학년

메가스터디 수학 연산 프로그램

메가 계산력

응용 **5** 권

초등 3학년

자연수의 곱셈과 나눗셈 기본

정답

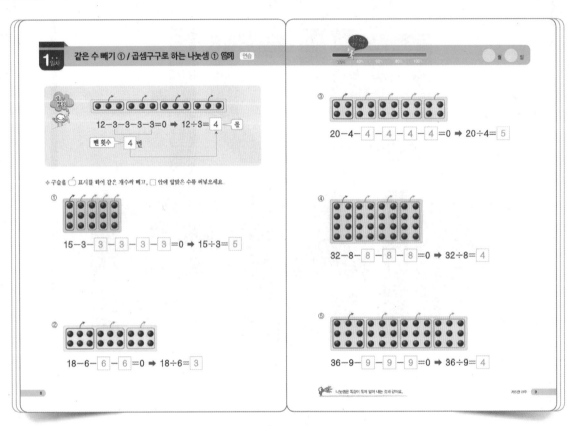

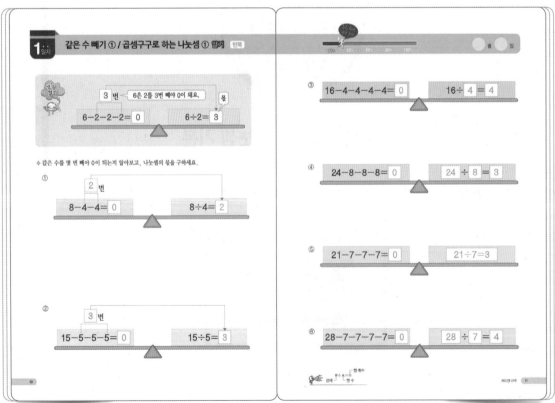

12~15쪽

2일차

같은 수 빼기 ① / 곱셈구구로 하는 나눗셈 ① 계산 연습

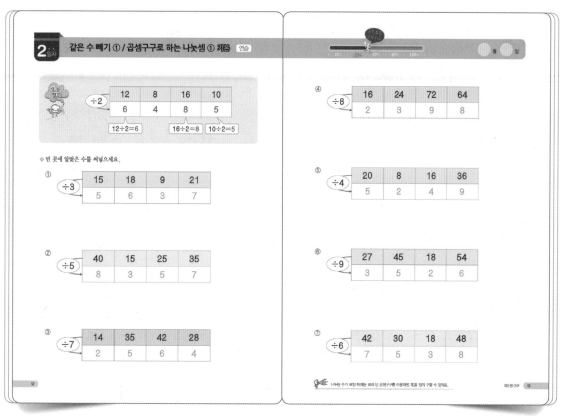

÷2	12	8	16	10
	6	4	8	5

12÷2=6   16÷2=8   10÷2=5

✿ 빈 곳에 알맞은 수를 써넣으세요.

① ÷3

	15	18	9	21
	5	6	3	7

② ÷5

	40	15	25	35
	8	3	5	7

③ ÷7

	14	35	42	28
	2	5	6	4

④ ÷8

	16	24	72	64
	2	3	9	8

⑤ ÷4

	20	8	16	36
	5	2	4	9

⑥ ÷9

	27	45	18	54
	3	5	2	6

⑦ ÷6

	42	30	18	48
	7	5	3	8

같은 수 빼기 ① / 곱셈구구로 하는 나눗셈 ① 계산 반복

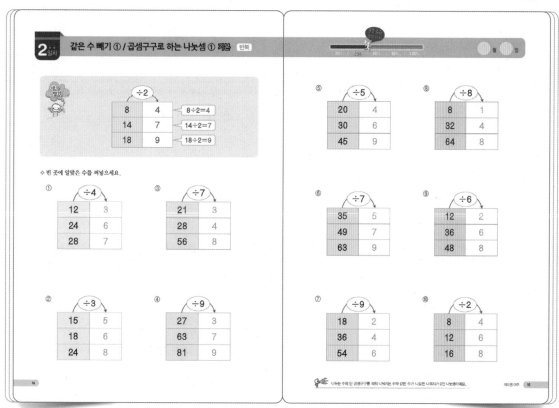

÷2

8	4	8÷2=4
14	7	14÷2=7
18	9	18÷2=9

✿ 빈 곳에 알맞은 수를 써넣으세요.

① ÷4

12	3
24	6
28	7

② ÷3

15	5
18	6
24	8

③ ÷7

21	3
28	4
56	8

④ ÷9

27	3
63	7
81	9

⑤ ÷5

20	4
30	6
45	9

⑥ ÷7

35	5
49	7
63	9

⑦ ÷9

18	2
36	4
54	6

⑧ ÷8

8	1
32	4
64	8

⑨ ÷6

12	2
36	6
48	8

⑩ ÷2

8	4
12	6
16	8

3일차

● 16~19쪽

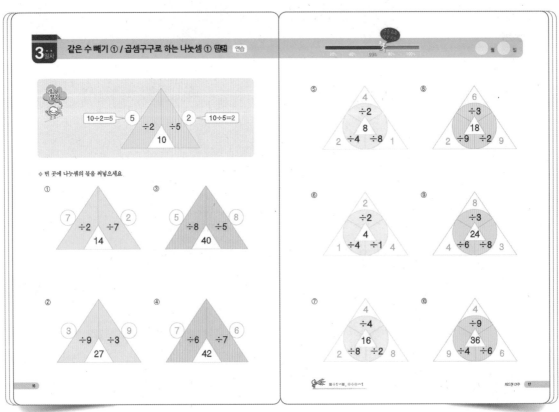

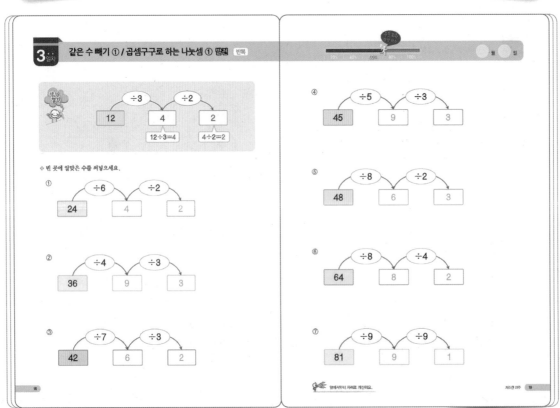

20~23쪽

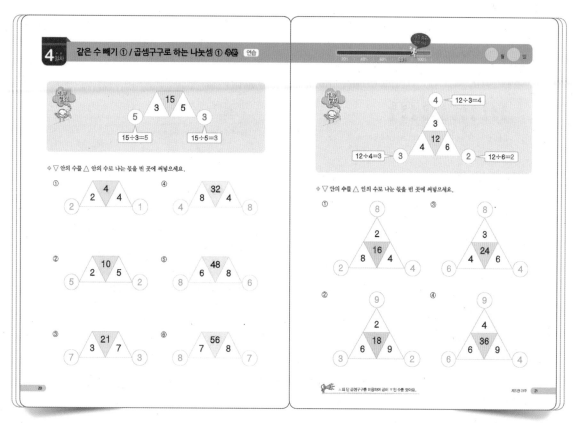

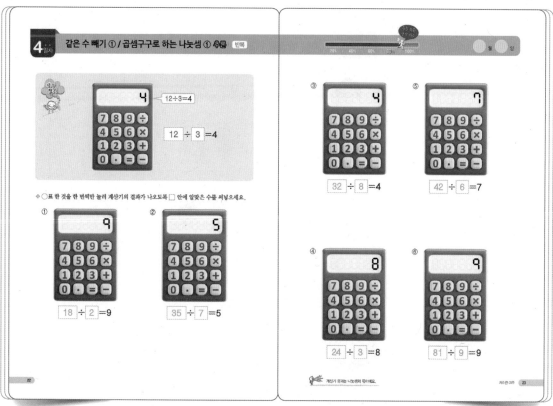

5일차

5일차 같은 수 빼기① / 곱셈구구로 하는 나눗셈① [종합]

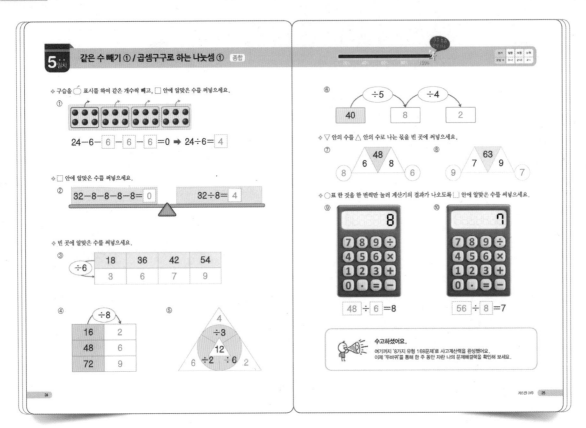

❖ 구슬을 ◯ 표시를 하여 같은 개수씩 빼고, □ 안에 알맞은 수를 써넣으세요.

① 24-6- 6 - 6 - 6 =0 ➡ 24÷6= 4

❖ □ 안에 알맞은 수를 써넣으세요.

② 32-8-8-8-8= 0 ｜ 32÷8= 4

❖ 빈 곳에 알맞은 수를 써넣으세요.

③
÷6	18	36	42	54
	3	6	7	9

④
÷8	
16	2
48	6
72	9

⑤ 4 ÷3 12 6 ÷2 ÷6 2

⑥ 40 →÷5→ 8 →÷4→ 2

❖ ▽ 안의 수를 △ 안의 수로 나눈 몫을 빈 곳에 써넣으세요.

⑦ 48 / 8 6 8 6

⑧ 63 / 7 7 9 7

❖ ◯표 한 것을 한 번씩만 눌러 계산기의 결과가 나오도록 □ 안에 알맞은 수를 써넣으세요.

⑨ 8
48 ÷ 6 =8

⑩ 7
56 ÷ 8 =7

📢 **수고하셨어요.**
여기까지 '8가지 유형 168문제'로 사고계산책을 완성했어요.
이제 '두바퀴'를 통해 한 주 동안 자란 나의 문제해결력을 확인해 보세요.

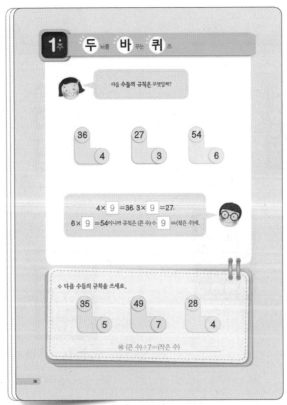

1주 두뇌를 바꾸는 퀴즈

다음 수들의 규칙은 무엇일까?

36 / 4   27 / 3   54 / 6

4× 9 =36, 3× 9 =27,
6× 9 =54이니까 규칙은 (큰 수)÷ 9 =(작은 수)네.

❖ 다음 수들의 규칙을 쓰세요.

35 / 5   49 / 7   28 / 4

예 (큰 수)÷7=(작은 수)

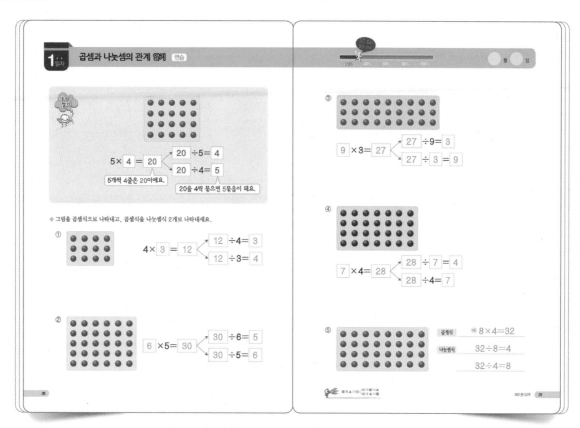

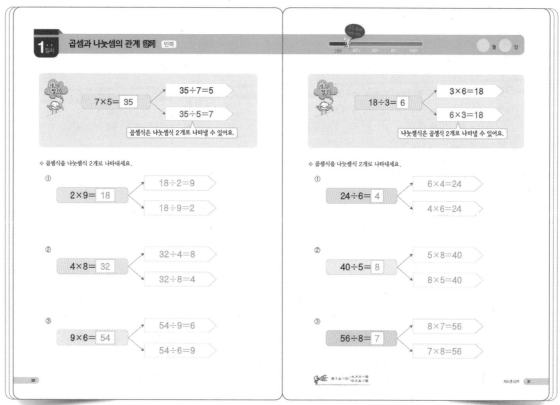

2일차 ··· ● 32~35쪽

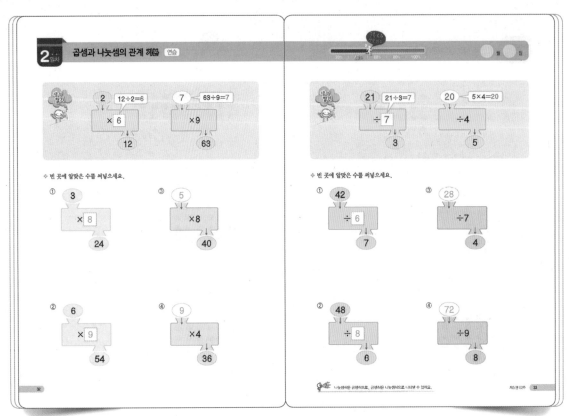

2일차 곱셈과 나눗셈의 관계 해답 연습

❖ 빈 곳에 알맞은 수를 써넣으세요.

❖ 빈 곳에 알맞은 수를 써넣으세요.

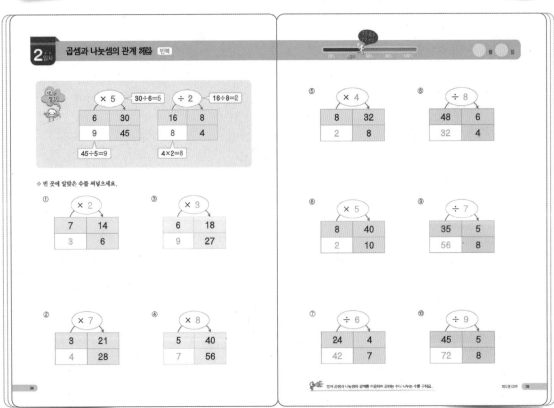

2일차 곱셈과 나눗셈의 관계 해답 반복

❖ 빈 곳에 알맞은 수를 써넣으세요.

3 일차

● 36~39쪽

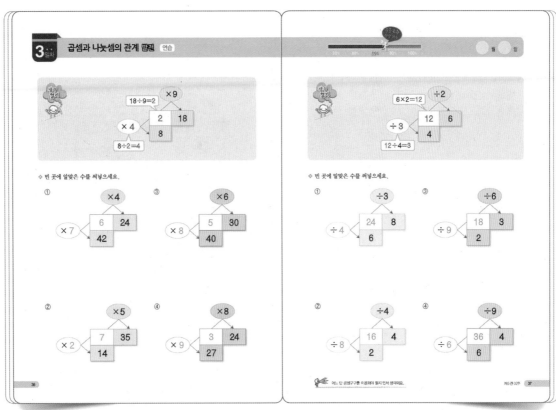

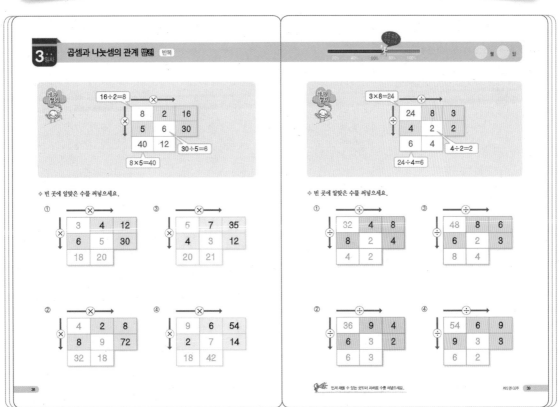

4일차 ----------------------------------- • 40~43쪽

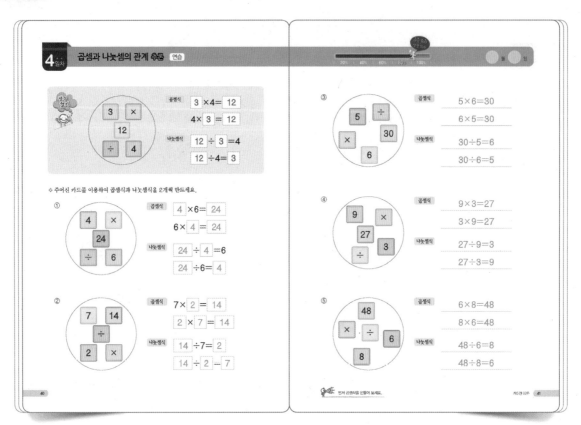

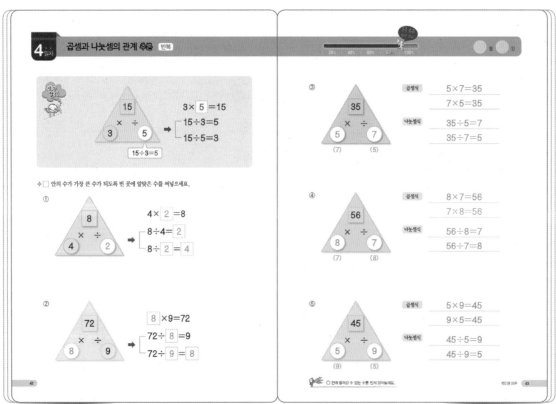

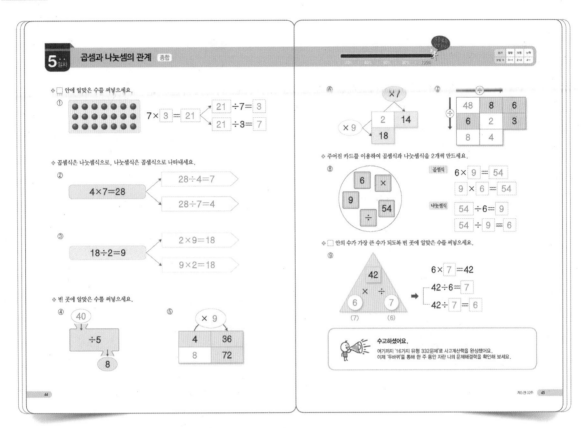

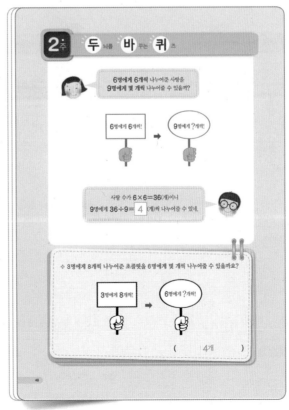

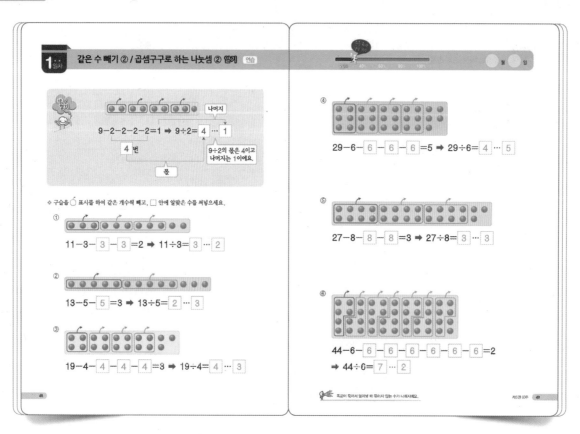

1일차 같은 수 빼기 ② / 곱셈구구로 하는 나눗셈 ② 암기 [연습]

$9-2-2-2-2=1 \Rightarrow 9÷2=4 \cdots 1$

나머지

4 번

몫

9÷2의 몫은 4이고 나머지는 1이에요.

❖ 구슬을 ○ 표시를 하여 같은 개수씩 빼고, □ 안에 알맞은 수를 써넣으세요.

① $11-3-3-3=2 \Rightarrow 11÷3=3 \cdots 2$

② $13-5-5=3 \Rightarrow 13÷5=2 \cdots 3$

③ $19-4-4-4-4=3 \Rightarrow 19÷4=4 \cdots 3$

④ $29-6-6-6-6=5 \Rightarrow 29÷6=4 \cdots 5$

⑤ $27-8-8-8=3 \Rightarrow 27÷8=3 \cdots 3$

⑥ $44-6-6-6-6-6-6-6=2$
$\Rightarrow 44÷6=7 \cdots 2$

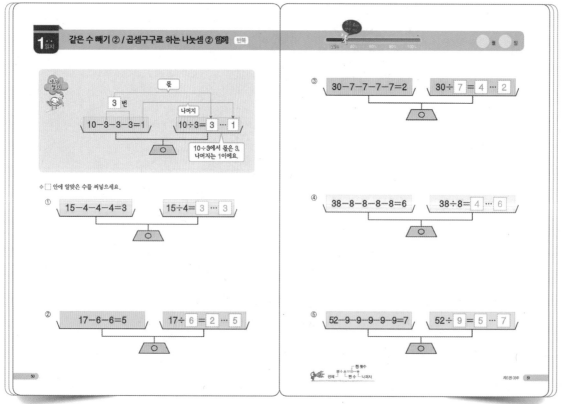

1일차 같은 수 빼기 ② / 곱셈구구로 하는 나눗셈 ② 암기 [반복]

몫

3 번

나머지

$10-3-3-3=1$ $10÷3=3 \cdots 1$

10÷3에서 몫은 3, 나머지는 1이에요.

❖ □ 안에 알맞은 수를 써넣으세요.

① $15-4-4-4=3$ $15÷4=3 \cdots 3$

② $17-6-6=5$ $17÷6=2 \cdots 5$

③ $30-7-7-7-7=2$ $30÷7=4 \cdots 2$

④ $38-8-8-8-8=6$ $38÷8=4 \cdots 6$

⑤ $52-9-9-9-9-9=7$ $52÷9=5 \cdots 7$

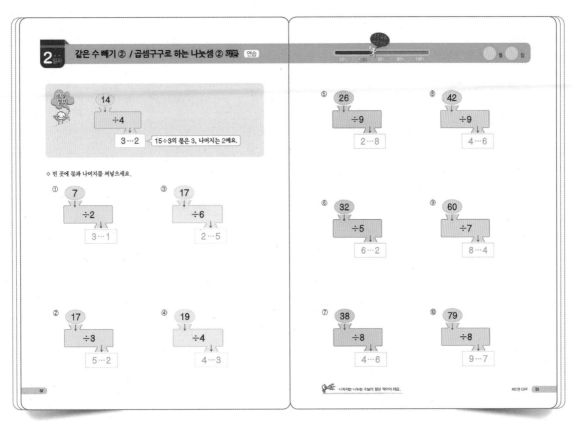

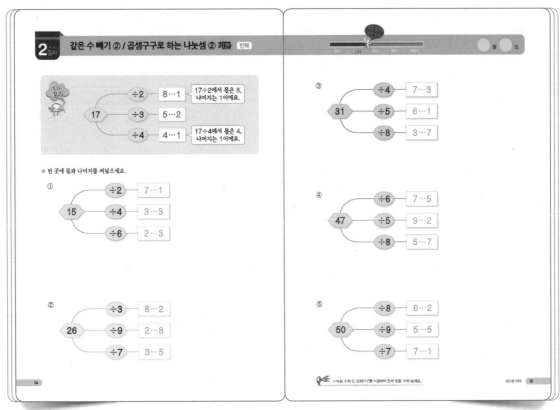

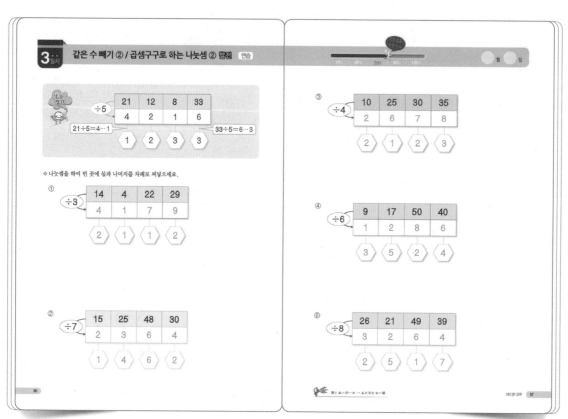

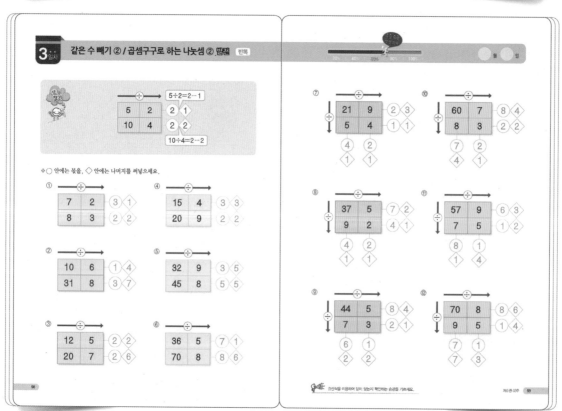

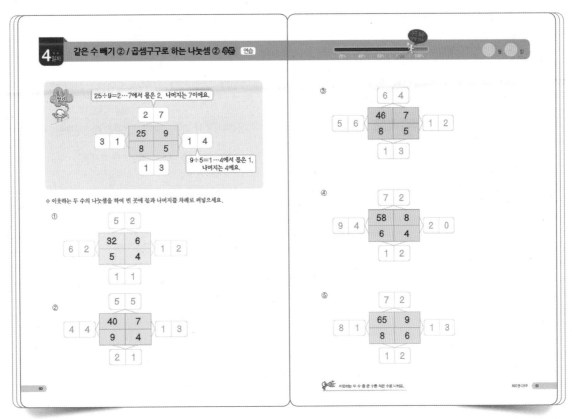

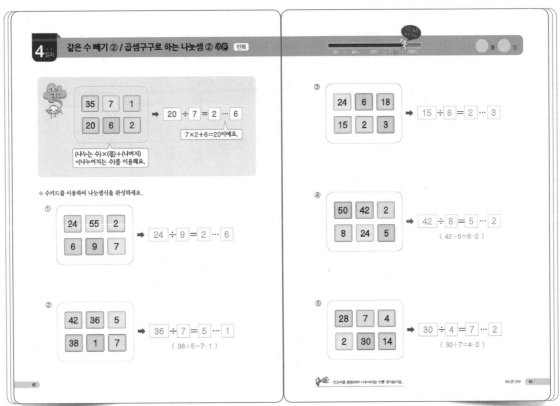

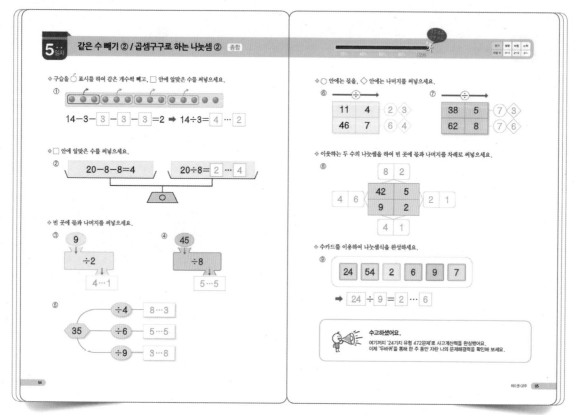

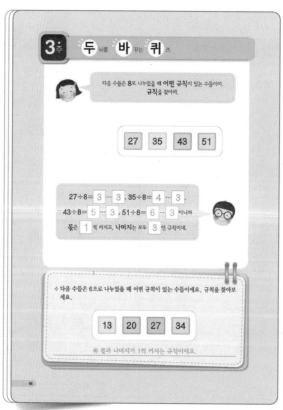

64~66쪽

68~71쪽

1일차

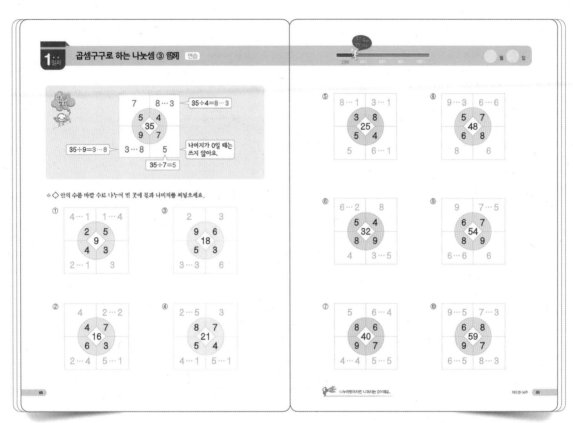

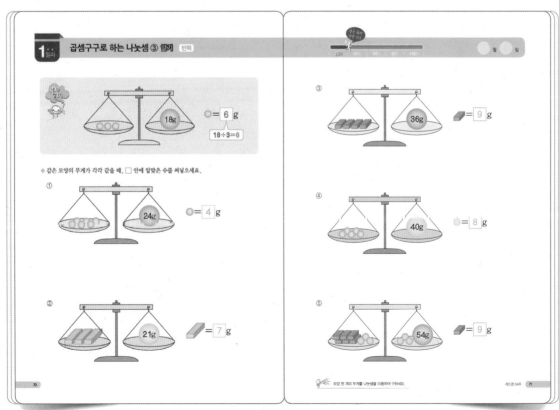

2일차 ●————————————————————————● 72~75쪽

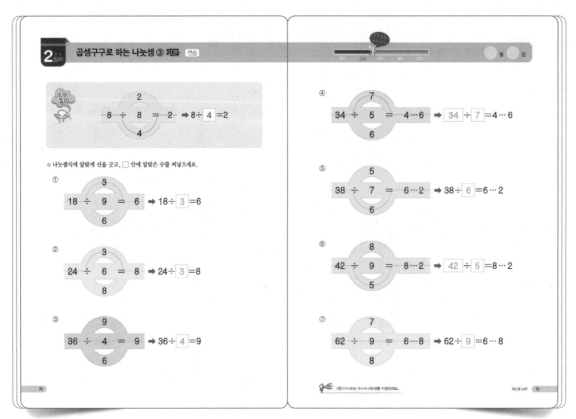

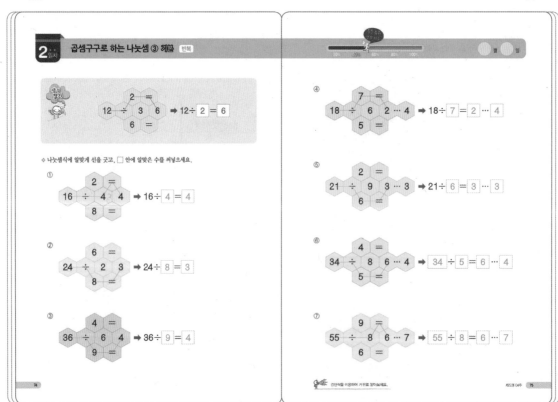

76~79쪽

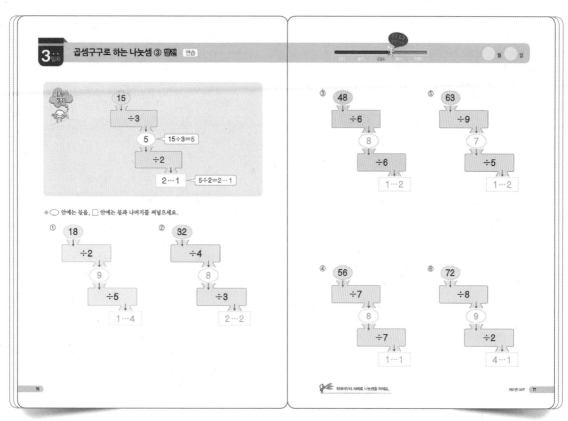

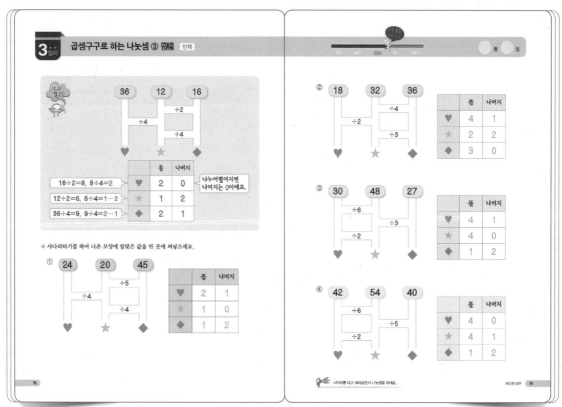

4일차 .... ● 80~83쪽

4일차 곱셈구구로 하는 나눗셈 ③ 수를 연습

40÷5=8   24÷3=8

40÷5=●   24÷3=♥

●÷4= 2   ♥÷5= 1 … 3

8÷4=2   8÷5=1…3

✿ □ 안에 몫과 나머지를 알맞게 써넣으세요.

① 18÷3=■
   ■÷2= 3

④ 64÷8=●
   ●÷8= 1

② 24÷6=♥
   ♥÷4= 1

⑤ 72÷9=▣
   ▣÷2= 4

③ 30÷5=♣
   ♣÷3= 2

⑥ 81÷9=●
   ●÷3= 3

⑦ 16÷2=♥
   ♥÷6= 1 … 2

⑪ 42÷6=◉
   ◉÷5= 1 … 2

⑧ 20÷4=◈
   ◈÷2= 2 … 1

⑫ 45÷5=♣
   ♣÷7= 1 … 2

⑨ 27÷3=◆
   ◆÷4= 2 … 1

⑬ 48÷6=♥
   ♥÷3= 2 … 2

⑩ 35÷5=●
   ●÷4= 1 … 3

⑭ 54÷9=★
   ★÷4= 1 … 2

4일차 곱셈구구로 하는 나눗셈 ③ 수를 반복

| 7 44 | | 3 5 | | = | 2…1 | 8…4 |
| 32 59 | ÷ | 9 7 | | | 3…5 | 8…3 |

32÷9=3…5   59÷7=8…3

✿ 같은 자리에 있는 수끼리 나눗셈을 하여 같은 자리에 몫과 나머지를 써넣으세요.

①
| 5 12 | | 2 7 | | 2…1 | 1…5 |
| 38 26 | ÷ | 6 4 | = | 6…2 | 6…2 |

②
| 23 13 | | 5 4 | | 4…3 | 3…1 |
| 22 11 | ÷ | 8 2 | = | 2…6 | 5…1 |

③
| 5 13 | | 3 5 | | 1…2 | 2…3 |
| 14 39 | ÷ | 4 8 | = | 3…2 | 4…7 |

④
| 25 37 | | 3 7 | | 8…1 | 5…2 |
| 19 40 | ÷ | 4 6 | = | 4…3 | 6…4 |

⑤
| 33 17 | | 4 3 | | 8…1 | 5…2 |
| 29 60 | ÷ | 7 8 | = | 4…1 | 7…4 |

⑥
| 58 43 | | 6 9 | | 9…4 | 4…7 |
| 47 34 | ÷ | 7 5 | = | 6…5 | 6…4 |

⑦
| 71 29 | | 9 6 | | 7…8 | 4…5 |
| 19 11 | ÷ | 2 3 | = | 9…1 | 3…2 |

84~86쪽

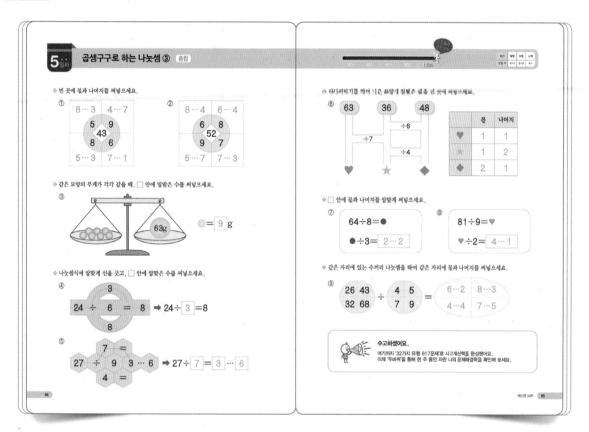

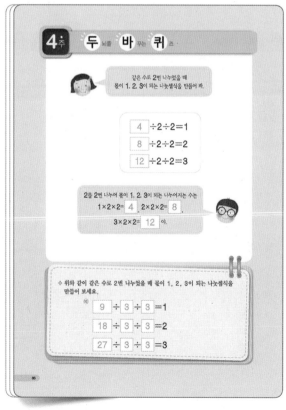

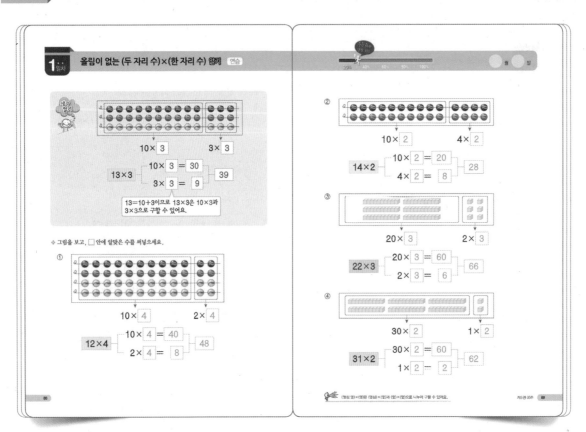

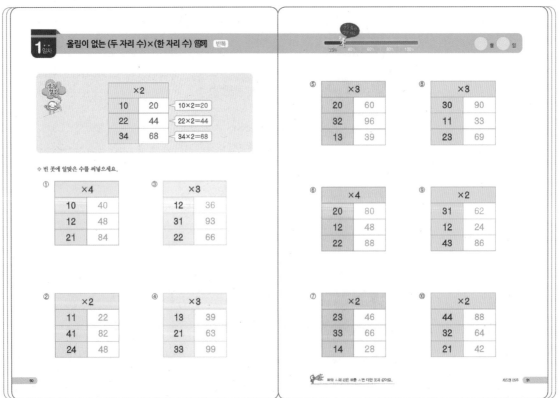

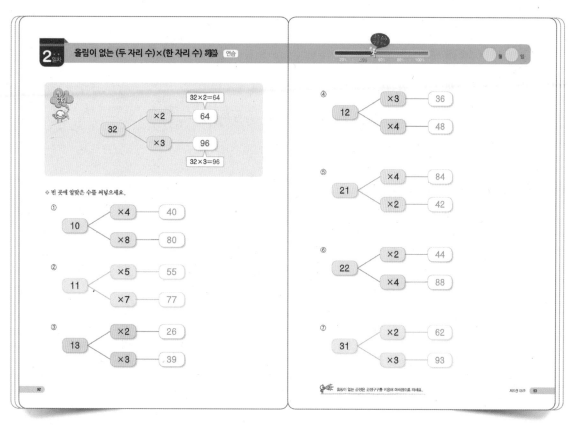

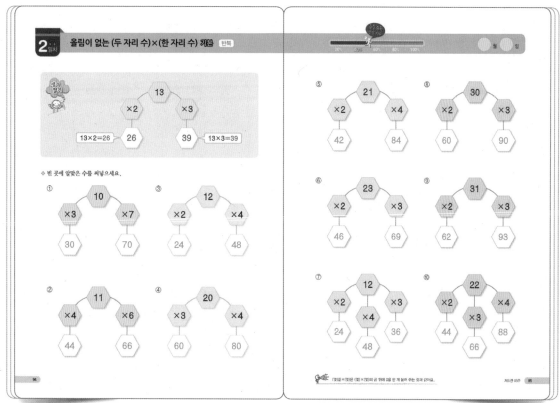

3일차

● 96~99쪽

3일차 올림이 없는 (두 자리 수)×(한 자리 수) 딸짇 연습

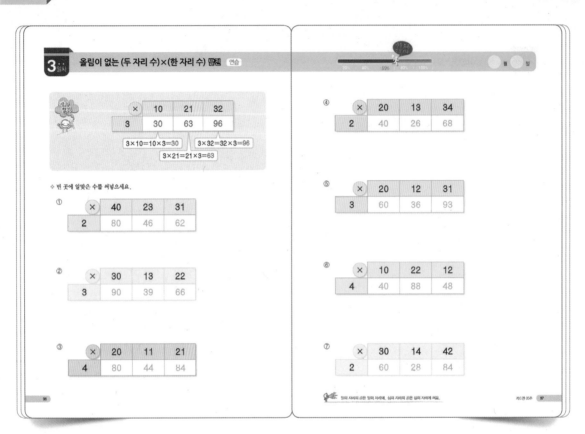

×	10	21	32
3	30	63	96

$3×10=10×3=30$ $3×32=32×3=96$
$3×21=21×3=63$

❖ 빈 곳에 알맞은 수를 써넣으세요.

①
×	40	23	31
2	80	46	62

②
×	30	13	22
3	90	39	66

③
×	20	11	21
4	80	44	84

④
×	20	13	34
2	40	26	68

⑤
×	20	12	31
3	60	36	93

⑥
×	10	22	12
4	40	88	48

⑦
×	30	14	42
2	60	28	84

3일차 올림이 없는 (두 자리 수)×(한 자리 수) 딸짇 반복

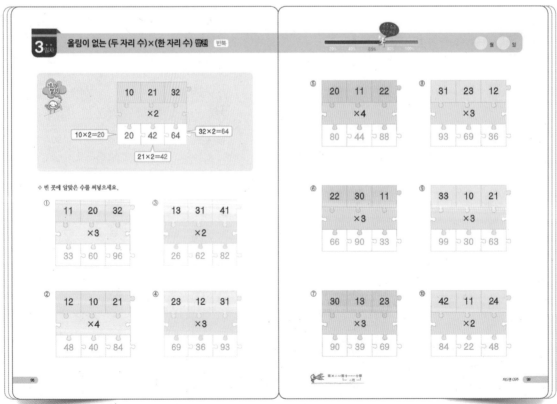

10	21	32
×2		

$10×2=20$ 20 42 64 $32×2=64$
$21×2=42$

❖ 빈 곳에 알맞은 수를 써넣으세요.

①
11	20	32
×3		
33	60	96

③
13	31	41
×2		
26	62	82

②
12	10	21
×4		
48	40	84

④
23	12	31
×3		
69	36	93

⑤
20	11	22
×4		
80	44	88

⑧
31	23	12
×3		
93	69	36

⑥
22	30	11
×3		
66	90	33

⑨
33	10	21
×3		
99	30	63

⑦
30	13	23
×3		
90	39	69

⑩
42	11	24
×2		
84	22	48

4 일차 ·· 100~103쪽

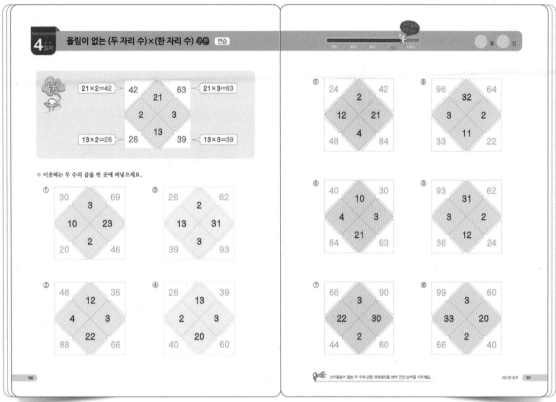

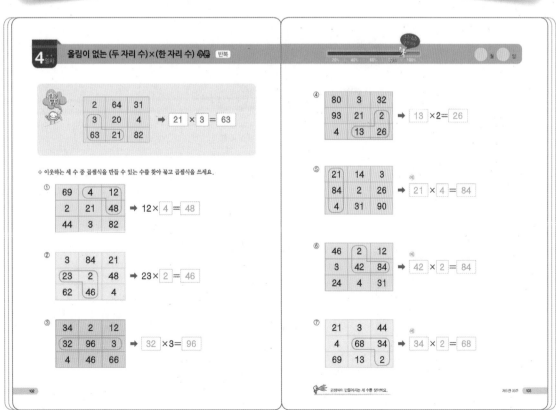

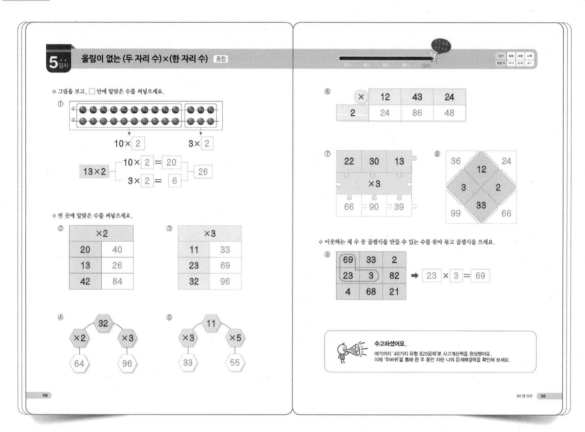

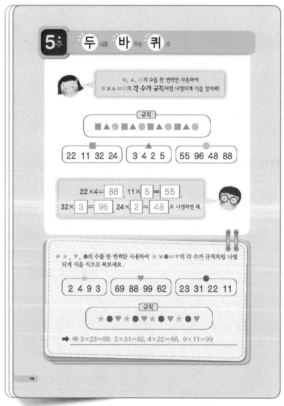

6주 (두 자리수)×(한 자리 수)

1일차 ·· ● 108~111쪽

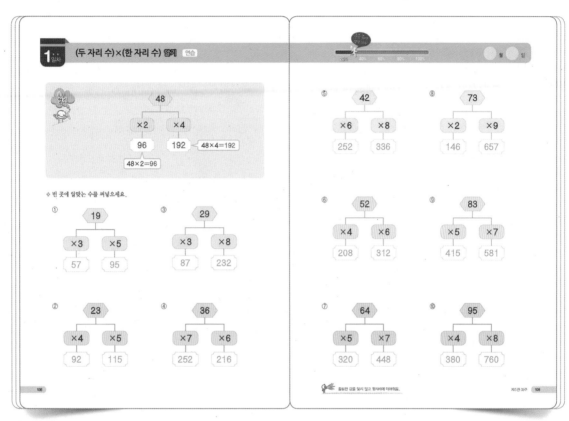

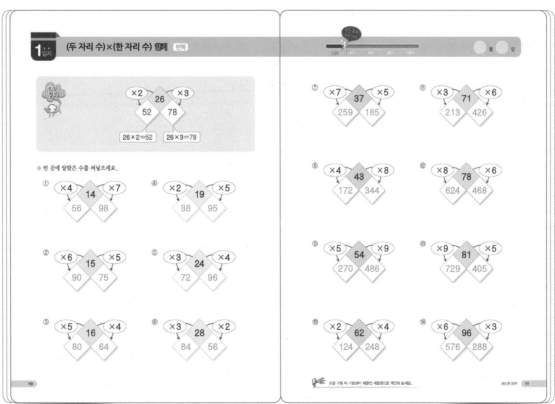

2일차 .... ● 112~115쪽

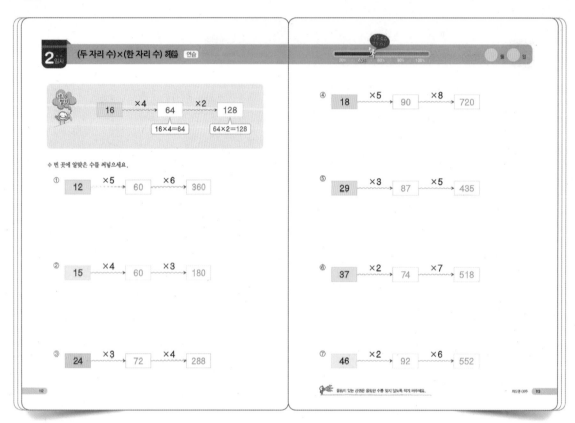

2일차 (두 자리 수)×(한 자리 수) 해결 연습

16 ─×4→ 64 ─×2→ 128
16×4=64   64×2=128

❖ 빈 곳에 알맞은 수를 써넣으세요.

① 12 ─×5→ 60 ─×6→ 360

② 15 ─×4→ 60 ─×3→ 180

③ 24 ─×3→ 72 ─×4→ 288

④ 18 ─×5→ 90 ─×8→ 720

⑤ 29 ─×3→ 87 ─×5→ 435

⑥ 37 ─×2→ 74 ─×7→ 518

⑦ 46 ─×2→ 92 ─×6→ 552

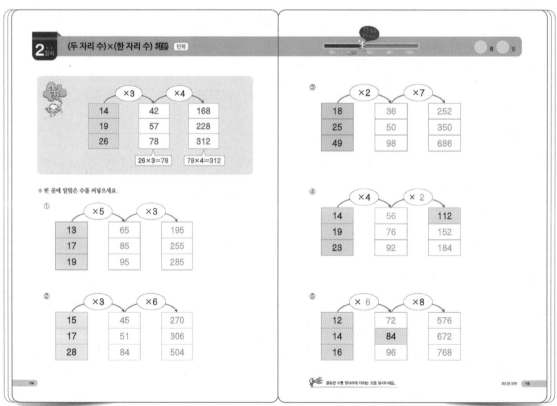

2일차 (두 자리 수)×(한 자리 수) 해결 반복

	×3	×4
14	42	168
19	57	228
26	78	312

26×3=78   78×4=312

❖ 빈 곳에 알맞은 수를 써넣으세요.

①
	×5	×3
13	65	195
17	85	255
19	95	285

②
	×3	×6
15	45	270
17	51	306
28	84	504

③
	×2	×7
18	36	252
25	50	350
49	98	686

④
	×4	×2
14	56	112
19	76	152
23	92	184

⑤
	×6	×8
12	72	576
14	84	672
16	96	768

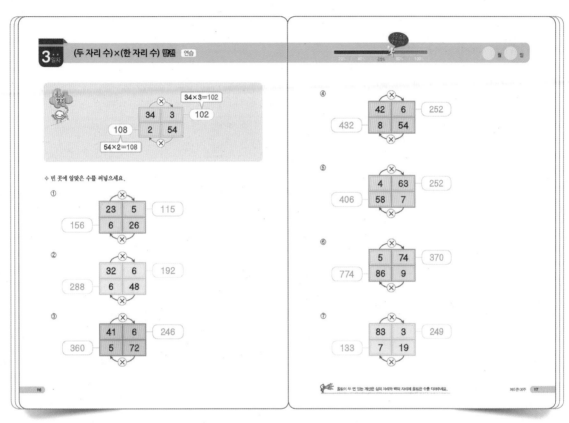

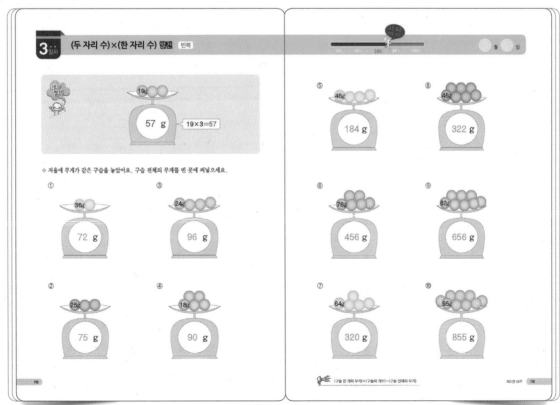

4일차 ●120~123쪽

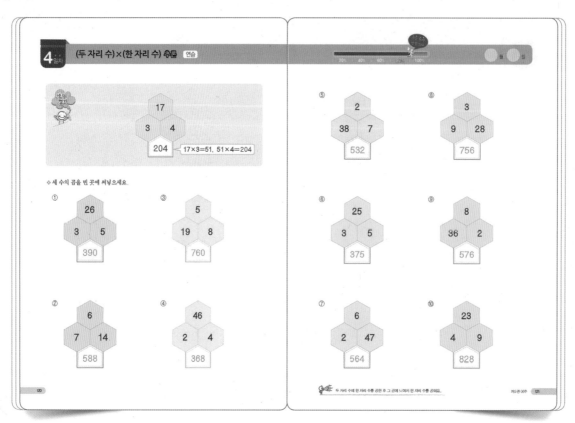

4일차 (두 자리 수)×(한 자리 수) 총괄 연습

❖ 세 수의 곱을 빈 곳에 써넣으세요.

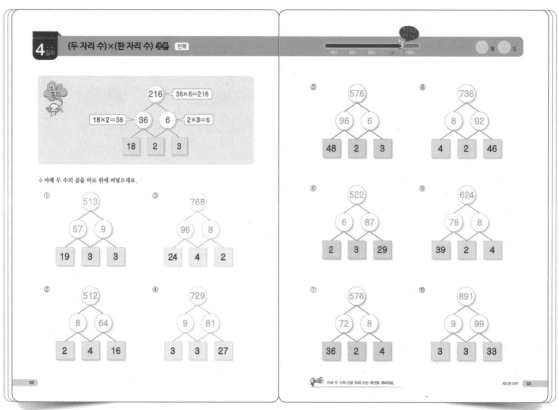

4일차 (두 자리 수)×(한 자리 수) 총괄 반복

❖ 아래 두 수의 곱을 바로 위에 써넣으세요.

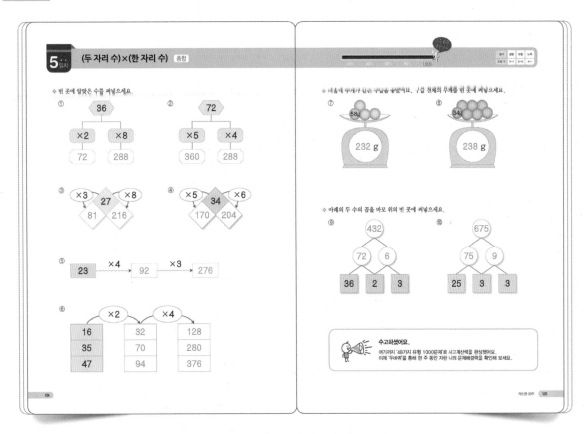

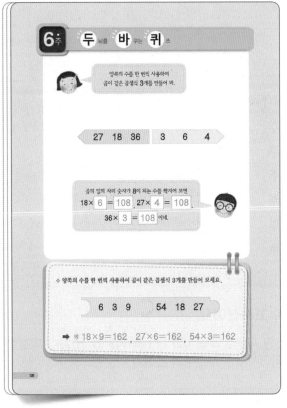

5권 자연수의 곱셈과 나눗셈 기본

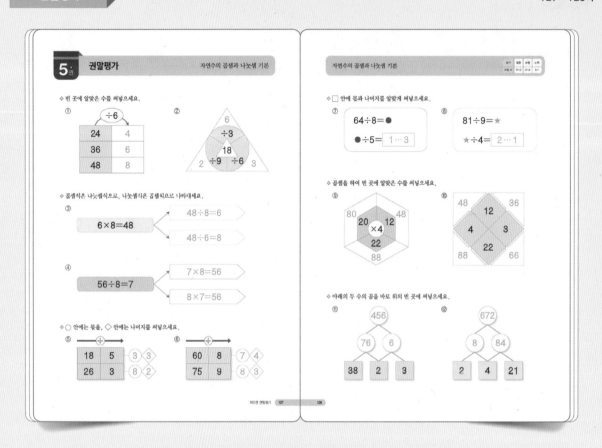

문항별 학습내용 ─────────────── 틀린 문항에 대한 학습 내용을 한 번 더 확인하세요.

문항번호		학습내용
①, ②	**1주**	같은 수 빼기 ① / 곱셈구구로 하는 나눗셈 ①
③, ④	**2주**	곱셈과 나눗셈의 관계
⑤, ⑥	**3주**	같은 수 빼기 ② / 곱셈구구로 하는 나눗셈 ②
⑦, ⑧	**4주**	곱셈구구로 하는 나눗셈 ③
⑨, ⑩	**5주**	올림이 없는 (두 자리수)×(한 자리 수)
⑪, ⑫	**6주**	(두 자리수)×(한 자리 수)

수고하셨어요.

5권 자연수의 곱셈과 나눗셈 기본을 1029문제로 완성했어요.
이어서 6권 자연수의 곱셈과 나눗셈으로 사고계산력을 키우세요.

메가
계산력

메가
계산력

정답

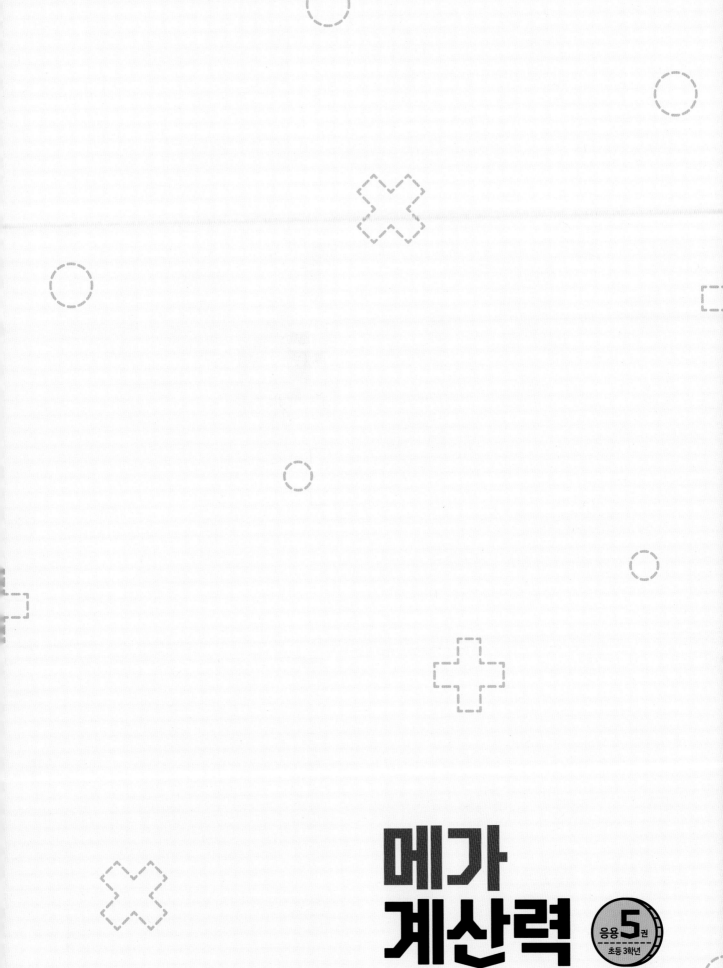

메가
계산력 응용**5**권
초등 3학년

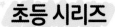